MATTHIAS MÜCK

Gerüche erkennen & anzeigen

GERUCHSDIFFERENZIERUNG FÜR HUNDE

MIT KOSMOS MEHR ENTDECKEN
DIE NATÜRLICHSTE FORM DER AUSLASTUNG
SEIT 1822

KOSMOS

☞ *Inhalt*

ZU DIESEM BUCH

Geruchsdifferenzierung: Für die Hundenase eine Fähigkeit, die ihnen sozusagen in die Wiege gelegt wurde. Kommen Sie mit auf eine Reise in die Welt der Gerüche, der Wahrnehmungsfähigkeit unserer Hunde und was wir daraus machen können.

Mit diesem Buch möchte ich Ihnen eine Schritt-für-Schritt-Anleitung an die Hand geben, um in die Welt der Gerüche und der Nasenarbeit einzusteigen. Es soll Ihnen die Möglichkeit geben, zu Hause im Wohnzimmer oder draußen im Garten mit Ihrem Vierbeiner die Geruchsdifferenzierung kleinschrittig und exakt aufzubauen. Es braucht nicht viel dazu – ein paar Materialien, die ich Ihnen später noch vorstellen möchte, und die Fantasie, wie Sie die Nase Ihres Hundes herausfordern können.
Bei der Geruchsdifferenzierung geht es darum, dass der Hund einen von Ihnen ausgewählten Geruch als „bedeutend" kennenlernt, das kann z. B. Kamille sein. Dieser Geruch kommt in eine Dose und sobald der Hund mit der Nase an der Dose verharrt, bekommt er einen Klick und ein Leckerchen. Anschließend wandert die Dose in die dafür vorgesehene Halterung, nach und nach kommen weitere Dosen hinzu, die anfangs leer sind. Wenn der Hund „die" Dose zuverlässig, ruhig und präzise herausfindet und anzeigt, werden die anderen Dosen mit Verleitgerüchen bestückt. Ich beschreibe diesen Aufbau sehr detailliert und in vielen kleinen Schritten in diesem Buch, damit Sie die Geruchsdifferenzierung zu Hause mit Ihrem Hund selbst aufbauen können.
Folgen Sie mir auf dem Weg. Sie werden erstaunt und begeistert sein, zu entdecken, wozu Ihr Hund in der Lage ist und wie wunderbar es ist, unsere Hunde bei der Nasenarbeit motiviert arbeiten zu sehen. Das gemeinsame Erlebnis ist ein regelrechter Kleber für die Bindung zwischen Ihnen. Kennen Sie den Spruch: „Ein müder Hund ist ein glücklicher Hund?" Mit dieser Art der Nasenarbeit wird Ihr Hund nach dem Training zufrieden in seinem Körbchen oder auf seiner Decke liegen und tief schlafen.

Ich wünsche Ihnen viel Spaß beim Training mit Ihrem Hund,

Ihr Matthias Mück

Gemeinsam bei der Arbeit. Das schweißt zusammen.

Die Passivanzeige: Der Hund verharrt ruhig und konzentriert am richtigen Geruch – darum geht es.

GERUCHS-DIFFERENZIERUNG — *Einsatzgebiete und Eignung der Hunde*

Die Hundenase ist ein Hochleistungsorgan und die wichtigste Informationsquelle. Hunde besitzen bis zu 300 Millionen Riechzellen und 200 cm² Riechschleimhaut. Sie können problemlos stereo riechen und somit die Fährte verfolgen.

EINSATZGEBIETE DER GERUCHSDIFFERENZIERUNG

Wenn man sich vorstellt, was Hunde leisten können, egal ob als Rettungshund, Schimmelspürhund oder im professionellen Einsatz bei der Polizei und dem Zoll als Sprengstoff- oder Drogenspürhund, so sieht man, dass es der Mensch geschafft hat, die Fähigkeit des Hundes für sich zu nutzen.

DIE NASE DES HUNDES

Die Nase ist das Hauptwahrnehmungsorgan des Hundes. Damit Sie sich in etwa vorstellen können, was eine Hundenase zu leisten imstande ist, möchte ich Ihnen ein kleines Gedankenspiel vorstellen.
Stellen Sie sich vor, Sie kommen nach Hause und bereits im Treppenhaus riecht es nach einem guten würzigen selbstgemachten Eintopf. Ich denke, jeder von uns weiß, welcher Geruch einem sofort in die Nase steigt. Es ist eine Mischung aus Gewürzen und aus verschiedenen Suppeneinlagen, zum Beispiel aus Gemüse und wer mag, auch Fleisch. Die Summe der Gerüche verursacht bereits eine Vorfreude, dass es heute Abend einen warmen und schmackhaften Eintopf gibt.

EINZELNE BESTANDTEILE RIECHEN

Wenn man sich nun vorstellt, welche Gerüche der Hund im Treppenhaus wahrnimmt, dann ist es nicht der Eintopf als Summe. Ein Hund kann eine Vielzahl von Gerüchen im Detail wahrnehmen und differenzieren. Der Hund riecht das Wasser, er riecht Salz und Pfeffer, also die einzelne Zusammensetzung der Gewürze. Des Weiteren wird er wissen, welche Sorte von Gemüse in welchen Mengen als Einlage verwendet wird und ob und wenn ja, welche Fleischsorte hinzugefügt wurde. Der Hund nimmt also nicht nur den Eintopf als Summe der Gerüche war, sondern kann ihn geruchlich in die einzelnen Bestandteile zerlegen und genau wahrnehmen. Ich möchte Ihnen mit diesem Beispiel aufzeigen, wie differenziert und wie genau die Nase des Hundes in der Lage ist, Gerüche wahrnehmen zu können. Wenn man das Bild des Eintopfes zur Veranschaulichung heranziehen möchte, so lässt sich erahnen, welches Potenzial im Training zur Geruchsdifferenzierung steckt.

Lagotto Romagnolo – Nasenarbeit ist seine Leidenschaft.

Der Mensch macht sich die Fähigkeiten der Hunde zunutze.

Ob bei der Jagd, bei der Polizei oder beim Zoll …

VON DROGEN- UND SPRENGSTOFFHUNDEN

Die Geruchsdifferenzierung an sich machen sich die Menschen schon seit Jahrhunderten zunutze. Wenn es darum geht, dass der Hund im Koffer geringe Mengen verschiedener Drogen finden soll, so besteht die erste Aufgabe darin, diesem Geruch eine Bedeutung und Relevanz für den Hund beizumessen, denn bisher ist es ja nur irgendein Geruch unter Tausenden und aus Hundesicht nicht gerade der spannendste. Auch im militärischen Bereich wurden Hunde sehr früh eingesetzt, um zum Beispiel Sprengstoff zu finden. In den USA gibt es die Beagle-Brigade, die das Gepäck nach eingeführten Pflanzen und/oder Lebensmitteln absucht. Immer, wenn es darum geht, den Hund auf einen bestimmten Geruch trainieren zu wollen, bedient man sich der Geruchsdifferenzierung. Schauen wir uns einen völlig anderen Bereich an, in dem wir Menschen uns die Fähigkeiten der Hundenase zunutze machen. Ein klassischer Bereich, in dem mithilfe der Geruchsdifferenzierung gearbeitet wird, ist die Ausbildung zum Diabeteswarnhund. Auch hier muss der Hund lernen, einen bestimmten Geruch, beziehungsweise die bestimmte Konzentration eines bestimmten Geruchs, sicher anzuzeigen, nämlich der Geruch der Unterzuckerung des Menschen. Der Diabeteswarnhund muss so gut trainiert werden, dass er verschiedene Abstufungen und Nuancen eines Geruchs unterscheiden kann, nämlich ob eine leichte oder schwere bis lebensbedrohliche Unterzuckerung besteht. Und so lässt sich die Arbeit der Geruchsdifferenzierung für unzählige Einsatzgebiete nutzen.

IGELSUCHHUND

Ein wunderbares Beispiel, wie die Geruchsdifferenzierung und die Fähigkeit des Hundes genutzt werden können, um Tier und Artenschutz zu betreiben, ist die Arbeit einer Kundin, die ihre Hunde dazu ausgebildet hat, als Artenschutzspürhund zu arbeiten. Ihre Hunde leisten Unglaubliches, um Igel, die ja dem Artenschutz unterliegen, zu

… *Hunde sind hier nicht wegzudenken.*

Ob Obst oder Drogen – die Hundenase ist der beste Detektor.

finden und zu retten. Lust auf einen kleinen Ausflug in die Arbeit eines Igelspürhundes? Auf den nächsten Seiten stelle ich die Arbeit dieser Artenschutzspürhunde genauer vor.

EINSATZ IM HOBBYBEREICH

Lassen Sie sich nicht abschrecken, Geruchsdifferenzierung ist nicht nur etwas für Profis und Behörden, im Gegenteil! Diese Ausbildung hat schon längst den Weg in die heimischen Wohnzimmer und hin zu unseren Familienhunden gefunden.
Können Sie sich vorstellen, dass Ihr Hund später aus zehn Dosen, die mit unterschiedlichen Mineralwassersorten gefüllt sind, immer genau die gleiche Sorte erriechen kann? Oder aus einer schier unerschöpflichen Mischung aus Teesorten immer exakt diese eine anzeigt, der eine minimale Spur von Kamillentee hinzugefügt wurde? Schlussendlich setzt Ihnen die Fantasie keine Grenzen, auf welche Gerüche Sie Ihren Hund konditionieren können. Wenn Sie es lieben, im Herbst durch die Wälder zu streifen und Pfifferlinge zu suchen, warum sollte Ihnen Ihr geliebter Vierbeiner nicht dabei helfen und Ihnen die Pilze im Wald anzeigen? Sie merken schon, später ergibt sich eine ganze Spielwiese an Ideen, die Sie mit Ihrem Hund ausprobieren können. Im weiteren Verlauf, wenn Ihr Hund das Prinzip der Geruchsdifferenzierung verstanden und verinnerlicht hat, zeige ich Ihnen noch weitere Möglichkeiten und Variationen, mit Ihrem Hund immer tiefer in die Welt der Nasenarbeit einzutauchen.
Gemeinsam ist der Ausbildung und dem Training der Geruchsdifferenzierung, dass die Nasenarbeit Ihren Hund wunderbar auslasten und beschäftigen wird. Im professionellen Bereich der Drogenspürhunde zum Beispiel ist der Einsatz der Hunde zeitlich auf ca. 20 Minuten begrenzt, weil die Hunde dann am Rande der Erschöpfung sind. Das zeigt, wie anspruchsvoll die Nasenarbeit für die Hunde ist, wenn sie gelernt haben, ruhig und konzentriert den ihnen antrainierten Geruch auszuarbeiten.

IGELSPÜRHUNDE IM EINSATZ

— Ein Interview mit Mirella Manser

Es ist mir eine Freude, Ihnen die Arbeit eines Artenschutzspürhundes vorstellen und in einem Interview mit der professionellen Spürhundeführerin einen Einblick in ihre Arbeit geben zu können. Es ist faszinierend zu sehen, was die Geruchsdifferenzierung auch im Natur- und Tierschutz leisten kann.

Die Igelsuchhunde von Mirella sind auf das Aufspüren und Anzeigen von Igeln spezialisiert. Ob Neubauprojekt, Ersatzneubau oder Privatgarten – die Aufgabe der Spürhunde ist es, auszuschließen, dass sich nach dem Einsatz Igel auf einem Areal befinden und durch bevorstehende Bau-, Rodungs- oder Umgestaltungsarbeiten in Gefahr geraten. Denn tagsüber schlafen Igel in ihren kaum erkennbaren Nestern, während des Winterschlafs sind sie sogar völlig reaktionsunfähig und eine Flucht vor Baumaschinen ist somit unmöglich. Das bedeutet zumeist den sicheren Tod der gefährdeten Wildtiere. Nun ist es aber für uns Menschen oft extrem schwierig, die gut versteckten Igel zu finden. Aber die Nasen ihrer drei Hunde KENO, YUMA und PIPPA sind darauf trainiert, nach Igeln zu suchen. Wenn ein Igel auf dem Areal gesichtet wurde, heißt es nicht, dass das Tier dort wohnt. Igel durchwandern einen großen Radius, meist in fixen Routen und zu festen Zeiten. Nicht immer werden die Igel selbst gefunden, aber auch die verschiedenen Nester pro Igel oder Futterplätze und die Laufwege der Tiere können von den Hunden angezeigt werden.

Wie würdest du, Mirella, das Ziel eines Spürhundeeinsatzes sehen? Und wie geht es weiter nach dem Fund eines Tieres?

Mit einem Spürhundeeinsatz wird verhindert, dass Igel auf dem Baugelände verletzt, erdrückt und getötet werden, wenn Bagger, Lastwagen und andere Baumaschinen zum Einsatz kommen. Falls sich Igel auf dem Gelände befinden, werden sie von den Hunden gefunden und können dann geborgen und aus der Gefahrenzone entfernt werden. In Zusammenarbeit mit dem Igelzentrum Zürich oder der Igelstation Ebikon werden die Tiere fachgerecht gepflegt und wenn nötig umgesiedelt.

Die Hundeführerin Mirella mit ihren Igelsuchhunden Yuma, Pippa und Keno (v. l. n. r.).

Sind Igel in der Schweiz denn besonders bedroht?

Der Igel lebt nicht im Wald, sondern in direkter Nachbarschaft mit uns Menschen. Diese Wildtiere sind mittlerweile in ihrem Lebensraum durch den Menschen sehr bedroht. Zum Beispiel durch Rasenmähroboter, Motorsensen, Insekten- und Schneckengift oder den Straßenverkehr. Es liegt mir am Herzen, mit meiner Arbeit mit meinen Hunden, diese Tiere zu schützen.

Wie bist du denn zu deiner Tätigkeit als Hundeführerin, die im Artenschutz tätig ist, gekommen?

Mein erster eigener Hund, Keno, war als Junghund ein hibbeliger, überdrehter und vor Energie sprühender Labbi. Bei dir habe ich die Geruchsdifferenzierung als Möglichkeit zur Auslastung kennen- und lieben gelernt. Die Nasenarbeit ist perfekt dafür geeignet, seine Energie in die Bahnen zu lenken und seine Konzentrationsfähigkeit und Ruhe zu fördern.

Hast du Kenos Potenzial für die Nasenarbeit früh erkannt und deshalb gefördert?

Nein, im Gegenteil. So hibbelig und unruhig wie er war, fand ich es unglaublich, dass er jemals eine solch ruhige und anspruchsvolle Auslastung hinbekommt. Durch diesen strukturierten Aufbau der Geruchsdifferenzierung und der schrittweisen Erhöhung des Schwierigkeitslevels war ich aber schnell begeistert, was Keno hier alles lernen kann. Und so bin ich Stück für Stück mit Keno bis zur jetzigen Arbeit als Spürhundeteam hineingewachsen. Manche Dinge haben sich per Zufall ergeben. Anfangs hat er Kamillentee gesucht und später habe ich mir Gedanken darüber gemacht, welche Art und Weise einer sinnvollen Arbeit mir und meinem Hund liegen. Igelspürhund wurde Keno eigentlich per Zufall, weil ich jemanden kennengelernt

Yuma auf der Suche nach einem Igel.

habe, der diese Arbeit bereits macht, und mir recht schnell klar war, dass die Auslastung der Geruchsdifferenzierung und diese Tierschutzarbeit eine perfekte Kombination für uns darstellt.

Wie bringst du die Geruchsdifferenzierung, also die Arbeit an den Dosen und den Halterungen, und die Suche draußen im Gelände zusammen?

Natürlich müssen die Hunde draußen im Gelände nach einem gewissen Suchsystem arbeiten und verlassene Gartenhäuschen, Hecken und ganze Siedlungen absuchen. Es geht auch um die Entscheidung für eine Freisuche oder eine geführte Feinsuche. Schlussendlich ist es am wichtigsten, dass meine Hunde, wenn sie einen Igel, dessen Nest, einzelne Igelstacheln oder sonstige „Hinterlas-

Auf dem Gerätebildschirm ist der Igel erkennbar.

Manchmal ist schwereres Gerät notwendig, …

… um an das Nest des Igels heranzukommen.

senschaften" gefunden haben, eine eindeutige Anzeige machen. Also nutze ich die Geruchsdifferenzierung als erstes dafür, die verschiedenen Zielgerüche meinen Hunden beizubringen und sie darauf zu konditionieren. Aber natürlich gibt es auch draußen diverse Verleitungen und andere Gerüche, die Hunde ausschließen sollen: Mäuse oder Ratten, deren Nester oder Kot und manchmal auch eine normale Hauskatze, die sich im Gelände befindet. Diese verschiedenen Verleitungen setze ich bei der Geruchsdifferenzierung genauso ein, wie in deinem Training der Verleitgeruch Zucker, Salz oder Kaffeebohnen zum Einsatz kommt.

Man kann also sagen, dass die Geruchsdifferenzierung das theoretische Training für meine Hunde ist, damit sie später im Spürhundeeinsatz wissen, was sie suchen und anzeigen sollen. Es ist der Einstieg für meine Arbeit, um ihnen den Geruch, um den es geht, beizubringen und auch, welche Gerüche sie ausblenden sollen. Es dient auch und besonders dem Erhalt der Einsatzfähigkeit meiner Hunde.

Und wenn deine Hunde einen Igel gefunden haben? Müssen sie dann auch mit der Nase am Igel verharren? Das Erlebnis könnte recht stachlig sein, oder?

lacht. Na ja, es gehört für mich zu den spannendsten Erlebnissen, wenn meine Hunde einen Igel finden. Entweder legen sie sich vor ihn ins Platz, bellen laut, bis ich da bin, oder scharren an der Stelle, wo das Igelnest unter der Holzdiele zu finden ist.

Was würdest du jemandem raten, der mit dem eigenen Hund Geruchsdifferenzierung als Hobby beginnen möchte?

Das allerwichtigste ist, dass man als Hundeführer dem Hund die Zeit gibt, in Ruhe zu lernen, was wir von ihm wollen. Der strukturierte Aufbau ist wichtig. Er soll Schritt für Schritt lernen, um was es geht. Es ist wichtig, die Reihenfolge einzuhalten, damit der Hund lernt, aus der Ruhe heraus zu starten. Gerade bei jungen Hunden wie meiner Pippa war dies am Anfang eine der größten Herausforderungen. Zum Schluss sieht es einfach aus, was die Hunde tun, aber die einzelnen Trainingsschritte und die Geduld zu haben, diese Schritte strukturiert dem Hund beizubringen, das ist wichtig.

Ich habe selbst drei Hunde, die beiden Labbis Keno und Yuma und neu kam Pippa aus dem Tierschutz dazu. Und doch ist das Training mit jedem meiner drei Hunde anders. Es ist also wichtig, sich immer auf den einzelnen Hund einzustellen und die Stärken und Schwächen des Hundes zu sehen. Aber egal, was klappt und was nicht klappt, es ist immer ein motivierendes und liebevolles Training für jeden meiner Hunde.

Für Pippa ist allein das schon eine Aufgabe, sich zu konzentrieren und ruhig zu bleiben. Yuma hingegen ist voller Energie, hier gilt es,

Noch ein kurzer Check und der Igel ist gefunden.

Igelsuche ist Teamarbeit, der Hundeführer …

diese in die richtigen Bahnen zu lenken. Und für Keno ist Geruchsdifferenzierung geeignet, um auch im Alter noch gut, zuverlässig und konzentriert arbeiten zu können.

Trainierst du mit deinen Hunden auch mit Kamille als Trainingsgeruch oder nutzt du von Anfang an Geruchsträger von Igeln?

Ich nutze immer wieder Kamille als Trainingsmaterial. Es geht gar nicht darum, immer nur mit dem Zielgeruch „Igel" zu arbeiten. Man sollte es seinem Hund auch zugestehen, dass er lernen darf, denn zum „Lernen dürfen" gehört es auch, Fehler machen zu dürfen (auch Fehler im Aufbau). Das gilt im Übrigen nicht nur für den Hund, sondern auch für mich als Hundeführerin. Und da ist es gerade in der Ausbildung sinnvoller, nicht mit dem Geruchsmaterial zu arbeiten, um das es später im Einsatz geht.

Welche Tipps würdest du jemandem geben, der nun anfangen möchte, seinem Hund die Geruchsdifferenzierung beizubringen?

Für mich ist es wichtig, dass ich das Training nur mache, wenn ich die Geduld dafür habe. Es bringt nichts, wenn ich mit dem Kopf nicht bei der Sache bin, selbst nicht ruhig genug dafür bin oder bereits mit Ungeduld an die Sache herangehe. Was sicher auch fair dem Hund gegenüber ist, dass man auch immer wieder einen Trainingsschritt zurückgehen kann. Falscher Ehrgeiz oder Ungeduld sind schlechte Faktoren für ein gutes Training. Einen Trainingsschritt zurückzugehen, damit der Hund einen schnellen Erfolg hat und merkt, dass er weiß, was zu tun ist, ist manchmal die beste Motivation für Mensch und Hund. Der Erfolg ist für den Hund das wichtigste, es soll ihm Freude machen, denn mit

kann sich auf seinen Hund verlassen.

Druck zu arbeiten, bringt keinem was, weder Mensch noch Hund. Im Einsatz ist das Vertrauen in meinen Hund das, was den Erfolg der gemeinsamen Arbeit ausmacht. Es gibt einen Grundsatz, den mein Trainer mir mitgegeben hat und dem ich im Zweifel immer folge: „Vertraue deinem Hund!" Wenn mein Hund eine Anzeige macht und sagt, dass hier ein Igel oder ein Nest ist, dann glaube ich ihm, denn mein Hund hat die Spürnase, nicht ich. Dieses Vertrauen erarbeiten wir uns mit der Geruchsdifferenzierung. Es wäre dem Hund gegenüber nicht fair, wenn er hier mit Druck arbeiten müsste. Am Anfang passieren Fehler, das gilt für beide. Im Übrigen ist der größte Fehler bei uns, nicht sauber zu arbeiten. Die Geruchsträger vermischen sich, das Timing bei der Bestätigung ist nicht richtig oder die Belohnung ist für den Hund nicht schlüssig.

Was macht die Geruchsdifferenzierung für dich so besonders?

Ich bin fasziniert davon, was die Hundenase zu leisten imstande ist. Die Bindung zum Hund wird gefördert, es ist ein gemeinsames Erlebnis, der Hund hat Freude und ist ausgelastet. Wenn Hund und Mensch nach dem Training zufrieden sind und das gemeinsame Erlebnis zum Erfolg führt, dann kann ich damit die Qualität und die Tiefe der Beziehung zwischen mir und meinem Hund regelrecht genießen und fördern.

Für mich ist die Arbeit mit meinen Hunden eine Qualitätszeit, in der wir als Team exklusiv miteinander Zeit verbringen. Das schweißt zusammen. Hunde können so viel mehr mit ihrer Nase als das, was im Alltag verlangt wird. In meinen Augen ist es das schönste Geschenk, was du deinem Hund machen kannst, indem du sein Talent und seine Fähigkeiten der Nasenarbeit förderst. Wenn man sieht, wie konzentriert und wie zufrieden Hunde sind, wenn sie die Möglichkeit bekommen und sich dem widmen dürfen, was ihre absolute Veranlagung ist, dann ist es ein Traum, dies mit Geruchsdifferenzierung gemeinsam machen zu können, und zwar in jedem Alter des Hundes. Ob Welpe oder Senior, auch wenn sie krank oder verletzt sind, es ist eine der schönsten Möglichkeiten, gemeinsam in die Welt der Gerüche einzutauchen.

Gerettet! Igel brauchen Schutz.

FÜR WELCHE HUNDE IST ES GEEIGNET?

Für den Aufbau der Geruchsdifferenzierung ist es ein großer Vorteil, dass es gar nicht wichtig ist, wie fit, gesund, jung oder alt der Hund ist. Von der Dogge bis zum Chihuahua, die Größe des Hundes spielt keine Rolle.

Auch die Rasse ist irrelevant. Die klassischen Klischees, den Schäferhund, Border Collie oder Australian Shepherd als besonders intelligent darzustellen und damit für die Geruchsdifferenzierung besser geeignet zu sein, lasse ich nicht gelten. Ich habe Französische Bulldoggen erlebt, die in ihrem Lernverhalten wesentlich schneller und genauer waren als so mancher Border Collie. Es sollte klar sein, dass die Geruchsdifferenzierung für alle Hunderassen und Mischlinge und für alle Größen und jedes Alter geeignet ist.

FÜR ALLE HUNDE

Für junge Hunde ist dies eine wunderbare Arbeit, um die Konzentration zu erhöhen. Schon der Welpe kann an die Grundlagen dieser Arbeit herangeführt werden. Je mehr der Welpe in jungen Jahren mit Nasenarbeit gefördert wird, umso bessere Fähigkeiten, umso leistungsfähiger, umso konzentrierter wird der Hund später arbeiten können. Und um einen Welpen müde zu machen, eignet sich Nasenarbeit besser als körperliche Akti-

Zwergspitz Grizzly kann genauso Gerüche differenzieren wie …

… die junge Xeni, ein Schweizer Niederlaufhund.

vitäten wie Bällchenspiele, Reizangel etc.
Für hibbelige, überdrehte und schnelle Hunde ist die Geruchsdifferenzierung eine sehr gute Möglichkeit, die Energie in geeignete Bahnen zu lenken und die Konzentration auf den Punkt zu bringen. Im Alltag in meinem Hundezentrum erlebe ich oft, dass es Hunden schwerfällt, sich zu konzentrieren, ruhig zu bleiben und sich auf eine Arbeit fokussieren zu können und zu müssen. Im Training von unkonzentrierten Hunden nutze ich die Geruchsdifferenzierung, um an diesen Schwächen zu arbeiten und die Hunde zu fordern und zu fördern.
Für verletzte Hunde ist die Arbeit der Geruchsdifferenzierung eine gute Möglichkeit, sie trotzdem auslasten zu können. Stellen Sie sich vor, Ihr Hund hatte eine anspruchsvolle Operation und hat die nächsten acht Wochen Leinenpflicht. Dann wird es ungleich schwieriger, den Hund auszulasten. Hier kann die Geruchsdifferenzierung eine große Hilfe sein. Körperlich muss er keine Leistung erbringen, aber dank der Nasen- und Kopfarbeit wird Ihr Hund trotzdem müde, ausgelastet und zufrieden einschlafen können.

Auch für alte Hunde, die körperlich nicht mehr in der Lage sind, große Spaziergänge und/oder körperliche Auslastungen zu bewältigen, bietet sich die Geruchsdifferenzierung an. Sie können so perfekt ausgelastet werden und bekommen geistige Anregung. 30 Minuten Geruchsdifferenzierung ist für Hunde wesentlich anspruchsvoller als 30 Minuten über eine Wiese zu rennen und sich körperlich zu betätigen.
Die Beispiele lassen sich beliebig fortsetzen. Trainiere ich einen Chihuahua, so lege ich die Halterungen und Dosen auf den Boden. Habe ich es mit einer Deutschen Dogge zu tun, kann ich den gesamten Suchaufbau in der Höhe variieren beziehungsweise so weit hochsetzen, dass sich die Dogge nicht auf den Boden legen muss, sondern im Stehen arbeiten kann. Oft sind etwas Kreativität und Improvisation vonnöten, um mit jedem Hund arbeiten zu können.
Salopp gesagt, vom kleinsten bis zum größten Hund, vom Welpen bis zum Senior und vom gesunden bis zum kranken Hund bietet sich die Geruchsdifferenzierung als Auslastungsmöglichkeit an.

Auch die Malinois-Hündin Jessy in besten Jahren

... sowie der Aussie-Rüde Tarek können es.

DIE SACHE MIT DER MOTIVATION

Was mir gerade zu Beginn dieses Buches ganz wichtig ist: Gehen Sie mit genügend Freude und Spaß an diese Arbeit mit Ihrem Hund heran. Falscher Ehrgeiz und Druck führen nur zu Enttäuschungen auf beiden Seiten. Ihr Hund muss nichts müssen! Es geht einfach darum, eine wunderbare Art der Auslastung für Ihren Hund zu finden, auszuprobieren und zu entdecken, wozu Ihr Hund in der Lage ist.
Es wird gerade am Anfang häufiger zu Situationen kommen, in denen er Sie mit treuen Augen anschaut und noch gar nicht verstanden hat, was Sie von ihm möchten.
Es wird genauso Situationen geben, in denen Ihr Hund alles andere macht, als das, was Sie möchten. Sie möchten, dass er mit der Nase an die Dose geht, stattdessen kommt die Pfote. Sie möchten, dass er ruhig an der Dose verharrt, stattdessen beißt er hinein. Bleiben Sie entspannt und liebevoll.

DIE AUSPROBIERER

Denken Sie immer daran, dass Ihr Hund einfach noch nicht verstanden hat, was zu tun ist. Seien Sie auch hier entspannt und ruhig, er wird es lernen. Es gibt Hunde, die mit einem destruktiven Aktionismus und Chaos agieren, wenn sie vor eine schwierige Aufgabe gestellt werden. Das heißt, sie werden alles versuchen, ihr gesamtes Repertoire abspielen und hoffen, dass etwas dabei ist, was Herrchen und Frauchen zufriedenstellt. Diesen Hunden wird im Allgemeinen eine hohe Motivation attestiert, denn sie wollen lernen und sie versuchen alles.

DIE NACHDENKLICHEN

Aber es gibt auch Hundetypen, die verhalten sich ganz anders. Diese Hundetypen reagieren bei Überforderung passiv und ziehen sich zurück, setzen oder legen sich hin und machen erst mal gar nichts. Der erste Impuls ist dann oft zu sagen, dass der Hund gar keine Lust auf diese Art der Auslastung hat. Aber das muss überhaupt nicht so sein. Es ist lediglich eine andere Art, eine Überforderung zu zeigen. **Es bedeutet weder, dass der Hund interessierter und motivierter ist, der chaotisch wild ausprobiert, noch ist der Hund wesentlich unmotivierter, der sich hinsetzt und erstmal über die Dinge nachdenkt. Es sind nur zwei unterschiedliche Strategien, um mit Neuem umzugehen. Lassen Sie sich einfach auf das Spiel mit Ihrem Hund ein und bleiben Sie geduldig.**

LEARNING BY DOING

Sie haben die Chance, mit dem Lesen des Buches die Idee der Geruchsdifferenzierung zu entdecken. Ihr Hund macht „learning by doing“. Es ist ein bisschen wie Topfschlagen. Der Weg dorthin, und sind es auch nur die kleinen einzelnen Schritte, ist bereits eine wunderbare Art der gemeinsamen Auslastung. Um in dem Bild des Topfschlagens zu bleiben, wird es mit jedem Schritt in die richtige Richtung warm, wärmer und heißer, bis hin zum Jackpot, dem richtigen Verhalten. Es geht gar nicht darum, Ihren Hund so schnell wie möglich zum Profi auszubilden, sondern vielmehr darum, mit ihm eine tolle Zeit zu haben. Denn gemeinsame positive und stärkende Erlebnisse schweißen zusammen und lassen Sie beide als Team wachsen. Schlussendlich ist es immer wichtig, dass auch der Hund die Freude an der Gemeinsamkeit spürt, denn er würde es auch merken, wenn Frust und Druck aufkommen. Gehen Sie alle Übungen und jeden einzelnen, neuen Lernschritt geduldig an.

GANZ SCHÖN ANSTRENGEND

Die Konzentration auf minimale Geruchsartikel, das ruhige Ausarbeiten dessen, die deutliche und stabile Anzeige des gefunde-

01

02

03

nen Geruchs, das alles fordert die Hunde sehr heraus. Egal, ob sie einen jungen, hibbeligen Jungspund an die Geruchsdifferenzierung heranführen oder für den älteren oder kranken Hund eine Beschäftigungsmöglichkeit suchen, die auch ein körperlich eingeschränkter Hund noch gut machen kann.

KLEINE TRAININGSEINHEITEN

Und hier möchte ich noch einmal besonders auf einen Punkt hinweisen: Die Geruchsdifferenzierung ist nicht nur für die Nase Ihres Hundes eine Höchstleistung, sondern es fordert und fördert auch die Konzentrationsfähigkeit Ihres Hundes. Überschätzen Sie auch nicht, wieviel Ihr Hund am Stück arbeiten kann! Machen Sie lieber alle paar Tage ganz entspannt ein paar kleine Einheiten. Es ist viel besser, als zu ehrgeizig zu sein und eine halbe Stunde und länger am Stück mit Ihrem Hund auf Biegen und Brechen einen neuen Lernschritt erarbeiten zu wollen. Machen Sie auch immer wieder ein oder zwei Tage Pause. Hunde sind auch nur Menschen. Ein Zwei-Tage-Urlaub macht es wieder leichter, sich an einem anderen Tag mit diesem Thema zu beschäftigen und Freude daran zu haben. Der schlaue Spruch des Hundetrainers kommt immer besonders neunmalklug daher: Hören Sie dann auf, wenn es am schönsten ist. Nichts ist schlechter, als den Punkt verpasst zu haben, an dem es gut war und jetzt will und muss man noch krampfhaft versuchen, einen Punkt zu finden, an dem man positiv aufhören kann.

01 *Es ist wie Topfschlagen: Um an das Leckerli heranzukommen ...*

02 *... probiert der Hund verschiedene Verhaltensweisen aus.*

03 *Kommt er auf die Lösung, erfolgen Klick und Leckerchen.*

DIE GRUNDLAGEN
— *Idee und Materialien*

Der Hund – der beste Freund des Menschen. Etwas als Team geleistet zu haben, fördert das Zusammengehörigkeitsgefühl.

IDEE UND TEAMARBEIT

Die Idee zur Geruchsdifferenzierung ergibt sich aus der Veranlagung des Hundes. Nasenarbeit ist die natürlichste Form der Auslastung und gleichzeitig eine der anspruchsvollsten Beschäftigungsmöglichkeiten für unsere Hunde.

Schon Welpen haben Freude daran, Hundeleckerlis im hohen Gras zu suchen. Genau diese Freude an der Nasenarbeit machen wir uns zunutze und lenken die Fähigkeiten des Hundes in die richtigen Bahnen für die Geruchsdifferenzierung. Man kann auch schon früh spielerisch anfangen.

TEAMWORK

Auch das gemeinsame Erlebnis und der Erfolg von Hund und Hundehalter fördern das Zusammengehörigkeitsgefühl und bringen Hund und Mensch näher zusammen. Im Unterschied zur einfachen Leckerlisuche, bei der der Hund lediglich das frisst, was er findet, ohne eine gemeinsame Art der Arbeit mit dem Besitzer zu haben, steht bei der Geruchsdifferenzierung das Zusammenspiel im Vordergrund. Je nach Ausbildungsstand kann das Schwierigkeitslevel für den Hund beliebig gesteigert werden. Dadurch wird es nie langweilig, weil man dem Hund immer neue Herausforderungen stellen kann. Wie schon gesagt, die Nasen- und Kopfarbeit lastet den Hund aus, es steigert die Fähigkeiten des Hundes, verstärkt die Bindung durch den gemeinsamen Erfolg und ist somit eine wunderbare Möglichkeit, mit dem Hund spielerisch bis hin zu einer professionellen Ausbildung zu arbeiten und gemeinsam die Welt des Geruchs zu entdecken.

KURZE EINHEITEN

Aufgrund der hohen Arbeitsleistung des Hundes bei der Geruchsdifferenzierung ist es wichtig, den Zeitrahmen für den Hund genau einschätzen zu können. Es ist besser, im Laufe der Woche mehrere Einheiten von 10–15 Minuten zu trainieren als einmal in der Woche eine Stunde am Stück zu üben. Schlussendlich soll es für Hund und Besitzer eine freudige, spannende, fordernde, gemeinsame Arbeit sein, die Bindung, Vertrauen, Konzentration und gemeinsames Erleben stärkt. Sie können es sich so vorstellen, als würden Sie gemeinsam mit Ihrem Hund auf die Suche gehen. Das gemeinsame Erlebnis und der Erfolg stärken das Zusammengehörigkeitsgefühl.
Hören Sie auf, wenn Sie beide den größten Spaß haben und einen guten Erfolg in dem jeweiligen Trainingsschritt erkennen können. Denn nur dann behalten Sie die Freude an dieser Auslastungsform.

Egal wie groß oder klein – arbeiten können alle.

DAS BENÖTIGTE MATERIAL

Anfangs benötigen Sie lediglich Belohnungshappen und einen Klicker. Zu einem späteren Zeitpunkt sind weitere Materialien erforderlich, die Sie entweder selbst zusammenstellen können oder die mittlerweile im Handel als passende Komplettsets erhältlich sind.

Wenn Sie eigenes Zubehör verwenden möchten, müssen Sie sich aber nicht nur Gedanken um die Art der Gefäße machen, sondern Sie benötigen auch geeignete Halterungen, mit denen sie später arbeiten können. Wenn Sie handwerklich begabt sind oder Lust darauf haben etwas selbst zu bauen, so steht Ihrem selbst kreierten Set nichts im Wege.

GEEIGNETE DOSEN

Sie können zum Beispiel undurchsichtige Cremedöschen aus Plastik, wie man sie in Apotheken kaufen kann, nutzen. Oft werden auch kleine Gläser (Marmeladengläser zum Beispiel) verwendet, die meiner Meinung nach nicht geeignet sind. Glas ist zwar wesentlich robuster und formstabiler als Kunststoff, hat jedoch den Nachteil, dass es durchsichtig ist, was den Trainingsaufbau zu einem späteren Zeitpunkt deutlich erschwert. Plastik ist in der Summe besser geeignet, da es sich leichter reinigen lässt und vor allem auch für den Hund wesentlich ungefährlicher ist. Die Dosen, wie auf dem Bild zu sehen, werden mit einem Schraubdeckel verschlossen.

LOCHMUSTER IM DECKEL

In diesen Deckel können Sie mit einem Bohrer verschiedene Löcher bohren. In der Praxis hat sich bewährt, Löcher im Muster einer Vier oder Fünf wie auf einem Würfel anzubringen. Achten Sie darauf, wenn Sie die Löcher gebohrt haben, dass keine scharfen Grate und Bohrreste am Deckel sind, an denen sich die Hundenase verletzen könnte oder die dem Hund unangenehm sind. Man kann sie mit feinem Schmirgelpapier glatt schleifen. Ebenfalls wichtig ist, dass jede Dose mit dem gleichen Lochmuster versehen wird, auch die der späteren Verleitgerüche. Es ist zwar im ersten Moment ein guter Gedanke, die Dose mit dem entsprechenden Verleitgeruch anders zu markieren, aber im späteren Aufbau führt es zu großen

Hier sehen Sie das gesamte benötigte Material zur Geruchsdifferenzierung auf einen Blick.

Nachteilen, auf die ich im Folgenden noch genauer eingehen werde.

ANZAHL DER DOSEN

Anfangs benötigen Sie nur eine Dose. Doch schon im nächsten Schritt arbeitet man mit insgesamt drei Dosen. Zu einem späteren Zeitpunkt haben sich sechs bis acht Dosen als eine gute Möglichkeit erwiesen, dem Hund den Aufbau der Geruchsdifferenzierung beizubringen. Natürlich sind die Anzahl der Dosen und der Aufbau zu einem späteren Zeitpunkt nach oben hin offen, Ihrer Fantasie sind hier keine Grenzen gesetzt.

DIE HALTERUNGEN

Damit die Dosen stabil stehen und vom Hund nicht herausgenommen oder umgeworfen werden können, ist eine entsprechende Halterung erforderlich. Ich bevorzuge für das Training mit den Hunden vorgefertigte, im Handel erhältliche Sets. Es gibt Hersteller, von denen Sie verschiedene Fertigteile aus Moosgummi oder stabilen Hartgummiteilen bis hin zu professionellen Halterungen kaufen können. Ich habe vor einigen Jahren mit einem pensionierten Schreiner nach meinen Anforderungen und Ideen selbstgebaute Kisten aus Holz herstellen lassen und nutze häufig diese Boxen.

KOMPLETTSETS

Der große Vorteil der komplett zusammengestellten Sets ist, dass das gesamte Material von den Dosen über die Halterungen bis hin zum passenden Klicker zur Verfügung gestellt wird. Schlussendlich gibt es viele verschiedene Varianten, wie Sie mit Ihrem Hund an verschiedenen Halterungen und unterschiedlichen Dosen trainieren können. Eine, sicherlich nicht vollständige, Sammlung an erhältlichen Komplettsets bis hin zu selbstgebauten Möglichkeiten sehen Sie auf den Bildern auf der nächsten Seite.

01

02

03

01 *Ein Set mit länglichen grünen Moosgummihalterungen.*

02 *Ein Set mit blauen quadratischen Moosgummihalterungen.*

03 *Eine von mir selbstgebaute Holzkiste, in der verschiedene Arten von Dosen in die dafür vorgebohrte Halterung gesteckt werden können. Diese Holzbox hat den Vorteil, dass sie in einem gewissen Maß in der Höhe verstellbar ist, sodass sie zur Größe, Gesundheit oder Veranlagung des Hundes passt. Für manche Hunde ist es von Vorteil, die Dosen flach auf dem Boden aufzubauen, andere arbeiten stabiler und besser, wenn die Dosen erhöht stehen. Gerade für große, ältere oder kranke Hunde ist es oft eine Erleichterung, im Stehen zu arbeiten.*

04 *Aus dem Angelsport erhältliche Frischhaltedosen mit entsprechend aufgebohrtem Deckel.*

05 *Ein professionelles Suchboard, wie es oft in der Ausbildung von Schimmelspürhunden oder Bettwanzenspürhunden Verwendung findet.*

04

05

BESTÄTIGUNG MIT FUTTER UND KLICKER

Für die Bestätigung des Hundes arbeiten wir mit Klicker und Futter. Der Klicker wird später dazu benötigt, dem Hund eine Art „Keep-going-Signal", also ein „Mach-weiter-so-Signal", zu geben.

Das Futter wird zur Bestätigung des Verhaltens genutzt. Anfangs wird mit etwas mehr Futter gearbeitet, schlussendlich benötigt der Hund später ein oder zwei Belohnungsleckerlis für eine Anzeige.

BELOHNUNGSHAPPEN

Wichtig ist für das Training, die richtigen Belohnungshappen zu wählen. Das normale Trockenfutter zum Beispiel hat sich für diese Art der Bestätigung nicht bewährt. Es ist zu trocken und der Hund kaut meistens viel zu lange darauf herum. Außerdem macht es sehr durstig und ist nichts Besonderes. Schlussendlich gibt es viele verschiedene Varianten und Ideen, um das für den Hund beste und für das Training geeignetste Futter zu nutzen. Manche Hunde stehen voll auf Käse oder kleine Wurststückchen. Man sollte jedoch bei der Größe der Leckerlis einen guten Kompromiss finden. Sind sie zu klein, wird es bald zwischen den Fingern zu glitschig und die Käse- und Wurststückchen fallen schnell unbeabsichtigt aus der Hand oder bleiben am Finger kleben. Es wird sich im Laufe des Trainings herauskristallisieren, welches Futter für Sie und Ihren Hund am besten geeignet ist. Zu schmackhaftes Futter kann dazu führen, dass der Hund nur noch das Futter im Sinn hat und sich kaum auf die ihm gestellte Aufgabe konzentrieren kann. Probieren Sie einfach aus, womit Sie als Team im Training am besten klarkommen. Anfangs bekommt Ihr Hund im Trainingsaufbau eine etwas größere Menge an Leckerlis, später wird die Anzahl deutlich geringer. Gegebenenfalls müssen Sie bei jungen oder kleinen Hunden die Trainingsleckerlis von der täglichen Futtermenge abziehen. Doch ganz ohne Leckerlis funktioniert es eben auch nicht.

WEICHE HÄPPCHEN

Beachten Sie, dass der Hund die Belohnungsleckerlis schnell und einfach kauen und herunterschlucken kann. Weiche und kleine Hundeleckerlis sind am besten geeignet. Besonders große oder sehr trockene Belohnungshappen werden zu lange gekaut und lenken den Hund von der Arbeit ab.

Belohnungsleckerlis gibt es viele. Nicht alle sind ideal.

Mittlerweile gibt es viele Klickermodelle.

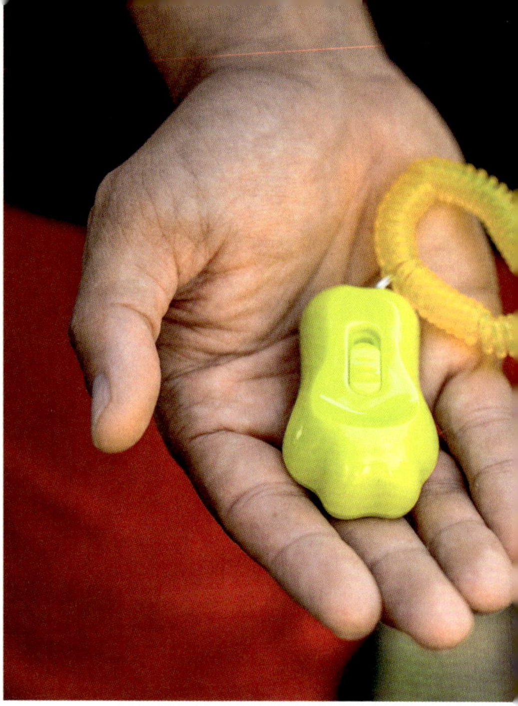

Diese Art von Klicker hat sich bewährt.

DIE FUTTERTUBE

Im Alltag oder bei anderen Trainings wird oft mit der Futtertube trainiert. Diese Variante kann ich nicht empfehlen, denn die punktgenaue Bestätigung an der richtigen Dose ist später entscheidend. Und dies kann mit einer Futtertube nicht gewährleistet werden und ist zu ungenau.

DER KLICKER

Der Klicker spaltet die Geister – von absoluten Fans bishin zur völligen Ablehnung ist alles dabei, aber jeder kennt ihn als Form der Bestätigung im Hundetraining.
In der klassischen Klickerarbeit wird der Klicker als Bestätigungssignal eingesetzt. Man kann punktgenau ein erwünschtes Verhalten vom Hund bestätigen. Hat man die Konditionierung auf den Klicker mit dem Hund bereits erarbeitet, kann man sich unabhängig von der menschlichen Stimme und unabhängig von einer zu starken Futterorientierung ein schnelles Lernverhalten beim Hund auch bei der Geruchsdifferenzierung zunutze machen.

Klassischerweise wird der Klicker direkt im Anschluss mit einem Leckerli verstärkt. Das heißt, nach dem Klick ist die Handlung für den Hund beendet. Das Verhalten, also die Handlungskette, wird aufgelöst.

DAS KEEP-GOING-SIGNAL

Bei der Geruchsdifferenzierung wird der Klicker als sogenanntes „Keep-going-Signal" verwendet. Die Anzeige bei der Geruchsdifferenzierung beinhaltet, dass der Hund länger an der Dose verharren soll. Dies nennt man eine „passive Anzeige". Eine aktive Anzeige wäre das Kratzen am Koffer beim Drogenspürhund. Es erfolgt also kein Auflöseverhalten nach dem Klicken, sondern ein „Keep-going-Signal", ein „Weiter so". Der Hund wird damit länger in der Handlungskette gehalten.
„Keep going" ist so zu verstehen, dass der Hund erst am Ende einer langen Verhaltenskette (nach zwei oder drei Klicks, also Mehrfachklicks) das Futter zur Bestätigung bekommt. In der Praxis hat sich gezeigt, dass der Klicker als „Keep-going-Signal" besser geeignet ist als eine stimmliche Bestätigung. Oft ist es so, dass die Stimme den Hund zu

Hier kann die Lautstärke eingestellt werden.

Der Klick bestätigt den Hund für ein richtiges Verhalten.

sehr von der eigentlichen Arbeit ablenkt. Gerade dieser Schritt in der Ausbildung, auf den wir später näher oder genauer eingehen, ein anhaltendes Verhalten, ein ruhiges Verharren am Gegenstand, führt oft zu Problemen und ist einer der schwierigsten Bausteine in der Ausbildung. Da ist dann etwas Geduld gefragt, mit sich und dem Hund.

DIE WAHL DES KLICKERS

Auf dem Foto sind verschiedene Klicker von unterschiedlichen Herstellern zu erkennen. Am besten hat sich ein Klicker bewährt, bei dem man die Lautstärke auf der Rückseite einstellen kann. Bei der Geruchsdifferenzierung, einer sehr konzentrierten und ruhigen Arbeit, genügt ein leises Klickgeräusch. Wenn Sie bereits im Alltag mit dem Klicker arbeiten, sollte der Klicker für die Geruchsdifferenzierung deutlich anders klingen.

Im ersten Schritt des Trainings geht es lediglich darum, dem Hund ein Verhalten zu zeigen, er soll direkt im Anschluss an das richtige Verhalten bestätigt werden. Daher bekommt der Hund auch direkt nach dem Klick sein Futter. Zu einem späteren Zeitpunkt sollte er ein Verhalten zeigen, das als „Verharren am Gegenstand" bezeichnet werden kann. Sinngemäß können Sie es sich so vorstellen, dass Sie mithilfe der „Keep-going-Signale" durch die Mehrfachklicks dem Hund signalisieren: „Was du gerade tust, ist super, bleib dabei, mach es weiterhin, verharre noch länger am Gegenstand." Im Anschluss folgt die Bestätigung.

Um das Verhalten des Hundes, das Verharren am Gegenstand, länger auszubauen, wird das „Keep-going-Signal" variabel eingesetzt. Darauf werde ich in einem späteren Abschnitt dieses Buches näher eingehen.

WICHTIG!

Sollten Sie im täglichen Training mit Ihrem Hund einen Klicker benutzen, dann ist es sehr ratsam, einen zweiten Klicker mit einem anders klingenden Ton für die Geruchsdifferenzierung zu verwenden. Somit ist sichergestellt, dass der Hund durch das „Keep-going-Signal" beim klassischen Klickertraining weiterhin gut reagiert und der Klick nicht abgeschwächt wird.

DIE WAHL DES GERUCHS

Am spannendsten ist natürlich die Wahl des Geruchs, auf die der Hund konditioniert wird. Es bietet sich an, zuerst mit einem sogenannten Trainingsgeruch zu arbeiten, auch wenn Sie später Ihren Hund zum Beispiel auf Pfifferlinge konditionieren möchten.

Zu einem späteren Zeitpunkt haben Sie alle Möglichkeiten und die freie Wahl, auf welchen Geruch Sie Ihren Hund konditionieren möchten. In der Praxis werden zum Beispiel Diabeteswarnhunde oder Schimmelspürhunde mit diesem Training ausgebildet, eine weitere Möglichkeit, in diesem Bereich spielerisch mit dem Hund zu arbeiten, besteht darin, den Hund zum Beispiel auf Geld, Pilze und andere beliebige Gerüche auszubilden.

DIE LAGERUNG DER TRAININGSMATERIALIEN

Achten Sie darauf, dass die Dose, in der Sie den Kamillentee aufbewahren, nicht mit den anderen Trainingsgegenständen in Berührung kommt. Wie Sie sich vorstellen können, riecht nach einiger Zeit der gesamte Inhalt des Trainingsmaterials nach diesem Tee, wenn Sie alles in einem Schrank beziehungsweise in einem Karton aufbewahren. Dann wäre es für den Hund im Anschluss nahezu unmöglich, eine gute Differenzierung vornehmen zu können. Als Praxistipp empfehle ich, die Dose mit dem Kamillentee in einer separaten Plastikdose zu verwahren und auch räumlich getrennt vom restlichen Trainingsmaterial aufzubewahren.

DER TRAININGSGERUCH

Im Grundaufbau ist es ratsam, sich für einen Geruch zu entscheiden, der die Möglichkeit bietet, Fehler, die man in der Ausbildung macht, zu korrigieren, um beim später relevanten Geruch den Hund nicht durch fehlerhafte Handlungen zu irritieren. Es ist also eher davon abzuraten, gleich von Beginn an mit einem Geruch zu arbeiten, der vielleicht für eine spätere Einsatzmöglichkeit genutzt werden soll.

TEESORTEN

Um den Hund spielerisch an die Geruchsdifferenzierung heranzuführen, eignet sich Tee in abgepackten Teebeuteln perfekt. Berücksichtigen Sie jedoch, mit welcher Teesorte Sie anfangen. Es klingt zwar relativ lapidar, aber

Teebeutel haben sich zu Beginn des Trainings bewährt, gerade Fenchel oder Kamille.

es hat sich in der Praxis gezeigt, dass der Geruch, mit dem der Hund anfangs konfrontiert wird, ein sehr gleichbleibender und für den Hund relativ angenehmer Geruch sein sollte. Kamillen- oder Fencheltee eignet sich dafür hervorragend. Bestimmte Teemischungen oder zu scharfe Teesorten wie Pfefferminze sind weniger geeignet, da der Geruch für den Hund entweder zu scharf oder in seiner Mischung zu variabel ist. Kamille hingegen riecht immer gleichbleibend nach Kamille, egal welche Teemarke oder welchen Hersteller Sie verwenden. Kamille bleibt in jedem Fall ein Naturgeruch, der für die Hundenase als relativ angenehm empfunden wird.

DAS HANDLING

Im Training ist es von großer Wichtigkeit, dass Sie alle Gegenstände, die nach Kamille riechen, nur mit einer Hand anfassen. Sie sollten sich deshalb vorab entscheiden, mit welcher Hand Sie den Klicker bedienen und in welcher Hand Sie das Leckerli halten.

Ich kann Ihnen eine kleine Eselsbrücke empfehlen, um keine Fehler im Aufbau zu machen: Benutzen Sie die Hand, in der Sie den Klicker halten, um alles anzufassen, was den Kontext zu Kamille hat.

Alle anderen Gegenstände wie Verleitgerüche, alle anderen Dosen, das Futter und weitere Trainingsgegenstände können Sie mit der anderen Hand anfassen.

Passen Sie auf, dass Sie keine Vermischung der Gegenstände und keine Vermischung in Sachen „Anfassen der Gegenstände“ vornehmen. Je genauer der Hund später gearbeitet ist, umso besser kann er eine Übertragung des Geruchs auf andere Gegenstände wahrnehmen und dies würde einer zuverlässigen Anzeige des Hundes im Wege stehen. Zu einem späteren Zeitpunkt des Trainings können Sie dann auf den Geruch umstellen, den Sie auf Dauer benutzen möchten.

Salopp formuliert könnte man sagen, dass Ihr Hund zuerst zum Kamillenteesuchhund ausgebildet wird, bevor er einen anderen Trainingsgeruch kennenlernt.

EINSTIEG INS TRAINING — *Aufbau der sicheren Anzeige*

DER EINSTIEG

Wir haben die Idee besprochen sowie die langfristige Zielsetzung des Auslastungsmodells aufgezeigt. Der Hund ist motiviert, Leckerlis liegen bereit, der Klicker befindet sich in der Hand, Dosen und Halterungen sind vorbereitet.

KLEINE LERNEINHEITEN

Ich bin ein Freund des langsamen und strukturierten Aufbaus. Jeder neue Lernschritt stellt für Ihren Hund, genauso wie für Sie, eine neue Schwierigkeitsstufe dar. Und jeder Schritt sollte sauber und in Ruhe erarbeitet und gefestigt werden, bevor der nächste Schritt in Angriff genommen wird. Achten Sie immer darauf, dass Sie eine einfache, ruhige und konzentrierte Lernumgebung für den Hund schaffen. Üben Sie neue Schritte nicht in schwieriger Umgebung mit viel Ablenkung, sondern lieber in Ruhe zu Hause im Wohnzimmer. Zum Start der Geruchsdifferenzierung sei gesagt, dass Sie immer berücksichtigen müssen, dass Ihr Hund aus der Ruhe und Stabilität heraus in die Arbeit startet und nicht aus Unruhe und Ungeduld hin und her zappelt.

HÄUFIGE FEHLER

Einer der größten Fehler, der im Training gemacht wird, ist es, zu schnell in den einzelnen Lernschritten vorangehen zu wollen, ohne dass die Grundlagen gefestigt wurden.

Erst die Nase an den Klicker, dann gibt es das Leckerli.

Im nächsten Schritt sind es drei Leckerlis.

Wichtig: Der Hund wird immer direkt am Klicker gefüttert.

Sehr oft erlebe ich es in meiner Hundeschule, dass die Besitzer mit ihren Hunden an einem gewissen Punkt der Geruchsdifferenzierung nicht mehr weiterkommen. Wenn ich mir dann den Aufbau anschaue, scheitert es sehr oft an einem ganz entscheidenden Kriterium: Die zuverlässige und stabile Anzeige an der richtigen Dose. Wir reden bei der Anzeige von einer sogenannten passiven Anzeige. Das bedeutet, dass der Hund ruhig und stabil an der richtigen Dose verharren soll, und zwar so lange, bis der Hundeführer das Verhalten bestätigt und auflöst.

Viel zu oft ist es so, dass zu schnell zu viele Dosen und/oder zu viele Verleitgerüche verwendet werden. Wir alle wissen, dass ein einmal gelerntes, falsches Verhalten beim Hund sehr oft sehr tief sitzt. Ein falsch gelerntes Verhalten wieder richtig rausarbeiten zu müssen, ist sehr viel aufwendiger, als mit kleinen und langsamen Lernschritten die richtigen Lernerfolge erzielen zu können. Oft bleibt im Training dann nur noch eine Möglichkeit: Zurück zum Start, also alle Dosen wieder einpacken und lediglich an der Anzeige arbeiten, um so das neue, richtige Verhalten zu festigen. Auch wenn Sie im Laufe der Aufbauschritte das Gefühl haben, dass Ihr Hund im nächsten Schritt zu schnell und zu unsauber arbeitet, empfiehlt es sich, die letzten zwei, drei Lernschritte nochmals zu wiederholen und zu festigen.

ERST EIN DANN DREI LECKERLIS

Wir trainieren jeden einzelnen Ausbildungsschritt zuerst mit einem Klick und einem Leckerli. Wenn der Hund das erwünschte Verhalten zeigt – Klick – Leckerli – die Übung ist beendet. Dann folgt der nächste Durchgang.

Wenn dieser neue Lernschritt nach mehreren Durchgängen bei Ihnen vom Timing und beim Hund vom Verhalten stabiler wird, nehmen Sie für den nächsten Durchgang nun drei Leckerlis in die Hand. Der Hund zeigt das erwünschte Verhalten – Klick – Leckerli. Der Aufbau bleibt bestehen – der Hund zeigt noch mal das erwünschte Verhalten – Klick – Leckerli. Und das Ganze ein drittes Mal: Der Aufbau bleibt, der Hund zeigt nochmals das gewünschte Verhalten – Klick – Leckerli. Dann ist die Übung beendet.

Es ist ein einfaches Prinzip, das aber für Sie und Ihren Hund einiges an Vorteilen bietet. Zuerst ein Leckerli, dann drei Leckerlis. Neuer Lernschritt, wieder zuerst mit einem Leckerli, dann mit drei Leckerlis und so weiter. Mit diesen kleinen, strukturierten Lernschritten können Sie jede neue Schwierigkeitsstufe sauber und zuverlässig erarbeiten.

DER ERSTE SCHRITT: KLICKER UND LECKERLIS

Sie brauchen: Klicker und Leckerlis
Aufbau: Hund und Mensch sitzen sich gegenüber, der Hund wartet ruhig.
Ziel: Der Hund soll mit der Nase die Klickerhand berühren.

DIE STARTPOSITION

Es hat sich bewährt, jeden neuen Ausbildungsschritt immer identisch zu starten: Wie im Bild zu sehen, sitzen sich Hund und Mensch gegenüber. Bei den allermeisten Hundetypen bietet es sich an, den Hund aus dem Sitz heraus zu starten. Selbstverständlich gilt auch hier keine Regel ohne Ausnahme, gerade bei alten oder verletzten Hunden sollte man berücksichtigen, ob der Hund besser aus dem Stehen oder aus dem Platz heraus starten kann. Achten Sie aber immer darauf, dass der Hund sicher und ruhig in der Startposition bleibt, egal ob im Sitz, Platz oder im Stehen. Versuchen Sie, einen angenehmen Abstand zwischen Ihnen und Ihrem Hund zu schaffen. Da gibt es keine pauschale Empfehlung, Sie sollten darauf achten, dass Ihr Hund nicht zu nah bei Ihnen sitzt, aber auch nicht zu weit entfernt ist. Alles zwischen einem halben und einem Meter Distanz sollte passen.

LOS GEHT'S

Nun nehmen Sie den Klicker in die Hand. Arbeiten auch Sie in der Ausbildung immer mit gleichbleibenden Ritualen. Das heißt für Sie, dass Sie den Klicker immer in die

Die Startposition: Man beginnt mit Ruhe und Konzentration.

Die Hände werden zusammen gehalten …

gleiche Hand nehmen, egal ob links oder rechts, es sollte sich nicht ändern. Probieren Sie es ruhig ohne Hund aus, was Ihnen besser liegt. In die andere Hand nehmen Sie nun ein Leckerli. Natürlich können Sie Ihrem Hund in den ersten Ansätzen des Trainings zeigen, dass Sie ein Leckerli in der Hand haben. Arbeiten Sie anfangs immer so, dass Sie das Leckerli und den Klicker in der gleichen Hand haben. Wenn Sie zu oft hin und her wechseln, verwirren Sie Ihren Hund anfangs nur zu sehr. Wenn Sie Ihrem Hund das Leckerli zeigen, kann es natürlich sein, dass er freudig und aufgeregt zu Ihnen kommt, um sich die Belohnung abzuholen. Also achten Sie sehr darauf, dass sich Ihr Hund ruhig verhält und sicher sitzenbleibt, während Sie sich vorbereiten und ihm gegenübersitzen. Im Zweifelsfall fordern Sie dies erneut ein und korrigieren Ihren Hund, bis die notwendige Stabilität vorhanden ist. Halten Sie beide Hände geschlossen vor beziehungsweise an Ihren Oberkörper. Nun strecken Sie beide Hände aneinanderhaltend Ihrem Hund, genauer der Hundenase, entgegen. Dann ziehen Sie beide Hände gleichzeitig ungefähr auf Schulterbreite auseinander. Sie können Ihre Hände auch auf dem Oberschenkel/Ihren Knien ablegen.

VERSUCH UND IRRTUM

Nun wird Ihr Hund höchstwahrscheinlich sofort zu Ihrer Futterhand gehen, daran herumschlecken und versuchen, das Leckerli zu bekommen. Bleiben Sie ruhig und geduldig, aber geben Sie dem Hund das Leckerli nicht. Stellen Sie sich den nächsten Schritt wie beim Kinderspiel „Topfschlagen“ vor. Ihr Hund will das Leckerli haben. Sehr gut. Warten Sie ab und lassen Sie ihn nun ausprobieren. Was passieren kann: Er schleckt an Ihrer Hand herum, er versucht an den Fingernägeln zu kauen, um an das Leckerli zu kommen oder er gibt Ihnen sogar die Pfote und versucht durch diese Handlung das Leckerli zu erhalten. Wie beim Topfschlagen gibt es aber nur bestimmte Versuche, die Erfolg haben, in unserem Fall, wenn der Hund zur Klickerhand schaut, sich ihr nähert, sie berührt. Ähnlich wie beim Topfschlagen wird es von kalt immer wärmer und wärmer, bis es schließlich heiß wird. Jetzt kann es passieren, dass Ihr Hund entweder bei seinen Versuchen zielgerichteter sein wird, also per Zufall eine Handlung dabei ist, die ihn näher zu seinem Leckerli bringt. Dann haben Sie also einen sehr motivierten Hund, der unbedingt versuchen möchte, zum Ziel zu gelangen.

... und anschließend seitlich auseinander gezogen.

Nun probiert der Hund, wie er an das Leckerchen kommt.

Wenn die Nase den Klicker berührt, erfolgt sofort der Klick …

… und er wird direkt am Klicker gefüttert.

MIT DER NASE BERÜHRT

Im Kern geht es darum, dass Ihr Hund den Klicker mit der Nase berühren soll. In dem Moment, wenn sich Ihr Hund mit dem Klicker beschäftigt, ertönt der Klick unverzüglich und Sie geben ihm das Leckerli am Klicker. Sie können es sich also wie eine Handlungskette vorstellen. Achten Sie bei diesem ersten Ausbildungsschritt unbedingt auf das richtige Timing! Stellen Sie sich vor, Sie machen mit dem Klicker ein Foto Ihres Hundes. Das Foto, das Sie schießen, das Bild, das Sie haben wollen, soll exakt das sein, an dem die Nase des Hundes am Klicker ist, also genau dann, wenn er den Klicker berührt. Genau in diesem Moment ertönt der Klick und Ihr Hund bekommt das Leckerli. Beachten Sie in jedem Fall, dass Sie dem Hund das Leckerli direkt an der Klickerhand geben. Das ist wichtig! Geben Sie dem Hund nicht das Leckerli entfernt vom Klicker und strecken Sie ihm das Leckerli auch nicht entgegen. Die vorherige Bilderserie zeigt sehr deutlich, wie die einzelnen Handlungsschritte aufgebaut sind.

KLEINE HILFESTELLUNGEN

Es kann jedoch passieren, dass Ihr Hund nicht auf die Idee kommt, zur Klickerhand zu gehen. Er setzt sich ratlos hin und schaut Sie eventuell hilfesuchend an. Um beim Bild des Topfschlagens zu bleiben, wird der Hund irgendwann einfach aufgeben, weil er (noch) keine Lösung hat. Sollte dies der Fall sein, können Sie Ihrem Hund ein paar kleine Hilfen geben. Bedenken Sie, dass die Hilfen später wieder abgebaut werden müssen! Eine kleine Hilfe kann sein, dass Sie den Blickkontakt Ihres Hundes nicht erwidern, sondern entspannt und ruhig auf den Klicker schauen. Mit dieser Hilfe kommt der Hund manchmal auf die Idee, Ihrem Blick zu folgen. Sobald sein Blick auf den Klicker fällt, klicken Sie und bestätigen ihn mit dem Leckerchen wieder exakt und nah am Klicker, indem Sie beide Hände zusammenhalten. Eine weitere kleine Hilfe könnte sein, dass Sie Ihre Hand mit dem Klicker minimal bewegen. Der Hund wird auf diese Bewegung mit einem Blick zum Klicker reagieren und auch diesen Blick können Sie nutzen, um den Hund zu bestätigen.
Wichtig ist, dass Ihr Hund nie frustriert ist. Manchmal brauchen Hunde etwas länger, um hinter die Idee des Trainings zu kommen, aber tatsächlich ist bereits das „Darübernachdenken, was Herrchen oder Frauchen möchte" eine sehr anstrengende Leistung für das Hundehirn, die wir gerne nutzen.

MACH MAL PAUSE

Nach jeder Handlungskette machen Sie eine Pause, damit der Hund das Gelernte verinnerlichen kann. Arbeiten Sie nicht zu schnell, lassen Sie sich Zeit, bevor Sie das nächste Leckerli in die Hand nehmen. Nachdem Sie das richtige Verhalten Ihres Hundes mit dem Klicker bestätigt haben, können Sie den Hund während des Fütterns auch mit ruhiger Stimme loben. Hier sollten Sie jedoch beobachten, ob sich Ihr Hund durch das Lob zu sehr ablenken lässt. Sollte dies der Fall sein, dann beschränken Sie sich zunächst auf „Klick und Leckerli". Nach dem Klick, also während des Leckerlifressens, kann Ihr Hund aufstehen, sich bewegen, mit dem Schwanz wedeln, denn das Verhalten ist durch den Klick bereits belohnt worden.

NÄCHSTER DURCHGANG

Wenn Sie den nächsten Durchgang starten möchten, setzen Sie Ihren Hund wieder in die Position Ihnen gegenüber. Achten Sie wieder auf ein ruhiges Verhalten und auch darauf, aus der Ruhe zu starten. Dies ist für viele Hunde bereits die erste Herausforderung im Training bei der Geruchsdifferenzierung. Nur durch Ruhe erlernt der Hund die Konzentration. Nehmen Sie wieder ein Leckerli in die Hand und starten Sie den Durchgang wie beim ersten Mal:
Zuerst die Hände zusammen vor die Brust, danach die Hände zusammen der Hundenase entgegenstrecken, dann beide Hände zeitgleich auf zirka Schulterbreite auseinanderziehen und nun warten Sie wieder ab, was Ihr Hund macht. Bleiben Sie geduldig, schauen Sie ruhig und gelassen auf den Klicker, und beachten Sie wieder das exakte Timing, um im richtigen Moment das Verhalten des Hundes zu bestätigen: Das ist die Hundenase am Klicker.
Gerade am Anfang werden Sie merken, dass das Timing eine Herausforderung für jeden Hundebesitzer darstellt. Es wird Ihnen nicht immer gelingen, genau den richtigen Moment

Pausen machen und den Hund denken lassen.

Neustarts helfen dem Hund, sein Verhalten zu festigen.

Achten Sie darauf, dass er den Klicker exakt berührt.

zu erwischen, um zu klicken. Bleiben Sie geduldig, schließlich müssen beide, Hund und Mensch, das richtige Timing und die entsprechende Handlungskette erlernen.

UNERWÜNSCHTES VERHALTEN IGNORIEREN

Mit diesem ersten Schritt soll der Hund lernen, dass er sein Leckerli bekommt, sobald er die gewünschte Handlung zeigt. Achten Sie darauf, dass es auch genau die Handlungskette ist, die Sie möchten! Oft passiert es, dass der Hund versucht, mit einer Pfote an die Hand zu kommen, durch Bellen, Kratzen oder Herumknabbern versucht, das Leckerli zu ergattern. Das wollen wir natürlich nicht, insofern werden solche Versuche ignoriert. Lediglich das Berühren mit der Nase oder das Anschauen des Klickers löst den Belohnungsklick aus und dann bekommt er sein Leckerli am Klicker.

01

04

DURCHGANG MIT DREI LECKERCHEN

Im zweiten Schritt starten Sie wieder aus der Grundposition heraus: Ihr Hund sitzt Ihnen mit einem gewissen Abstand gegenüber. In die von Ihnen fix gewählte Hand nehmen Sie den Klicker. In die andere Hand nehmen Sie dieses Mal drei Leckerlis. Nun wird es etwas komplexer.
Die Handbewegungen bleiben die gleichen. Halten Sie beide Hände zusammen und strecken Sie diese wieder Ihrem Hund entgegen zur Hundenase, ziehen Sie die Hände auf Schulterbreite auseinander und warten Sie ruhig ab, welches Verhalten Ihr Hund Ihnen anbietet. Nun sollte er bereits sehr zielgerichtet den Klicker anstupsen. Ist dieses Verhalten noch nicht sicher und klar zu erkennen, bleiben Sie beim ersten Schritt. Hat er diese Handlungskette jedoch bereits verinnerlicht, passiert Folgendes: Sie klicken und füttern am Klicker ein Leckerli und, nachdem Sie gefüttert haben, bewegen Sie die Hand mit den Leckerlis wieder auf die Ausgangsposition zurück und warten erneut ab, bis Ihr Hund wieder den Klicker mit der Nase berührt. Danach können Sie erneut klicken und füttern und dann bewegt sich die Hand wieder auf die Ausgangsposition zurück. Und auch jetzt, im dritten Durchgang, warten Sie wieder ab, bis der Hund den Klicker mit der Nase berührt und klicken ein drittes Mal. Auch dann bekommt der Hund wieder sein Leckerli am Klicker. Die Handlungskette aus Schritt 1 wird also dahingehend erweitert, dass Sie einen Durchgang machen, in dem der Hund dreimal hintereinander das gleiche Verhalten zeigen soll.

02

03

05

06

07

01 Startposition: Hund und Mensch sitzen sich gegenüber.

02 Die meisten Hunde versuchen, ans Leckerchen zu kommen.

03 Egal wie! Geduldig abwarten und nicht klicken.

04 Geht die Nase zum Klicker …

05 … wird sofort geklickt …

06 … und der Hund bekommt das Leckerchen direkt an der Klickerhand.

07 Hat der Hund verstanden, worum es geht, wird er zukünftig direkt zum Klicker gehen und die Leckerchenhand ignorieren.

Stimmt das Timing bei Ihnen, Ihr Hund kann ruhig abwarten und vor Ihnen sitzen, bevor es losgeht, und er führt die entsprechende Handlungskette zielgerichtet und sicher aus, kann die nächste Stufe der Geruchsdifferenzierung beginnen.

SAUBERER TRAININGSAUFBAU

Achten Sie darauf, dass etwaige Fehler oder falsche Handlungsketten nicht bestätigt werden. Es ist besser, kleinschrittig zu arbeiten, um Fehler zu vermeiden. Wie so oft im Hundetraining ist es so, dass einmal gelerntes Fehlverhalten sehr viel mehr Geduld und Aufwand erfordert, um wieder abtrainiert zu werden, als von Anfang an im Training detailversessen zu sein. Sollte Ihr Hund das gewünschte Verhalten des jeweiligen Lernschrittes noch nicht sicher abrufen können, so bleiben Sie noch bei diesem Ausbildungsschritt und gehen Sie nicht zu schnell zur nächsten Stufe über.

FEHLERBOX

Zu aufgeregt Anfangs ist es ein Klassiker im Training, dass die Hunde zu aufgeregt sind, dass sie nicht sitzen bleiben können, dass sie direkt ohne Aktivierung zur Futterhand starten, sich hinlegen oder schlichtweg unkonzentriert sind. Dabei ist es so wichtig, dass der Hund aus der Ruhe heraus startet. Bleiben Sie an diesem Punkt des Trainings sehr geduldig, aber auch konsequent. Wenn es Ihnen und Ihrem Hund hilft, können Sie ihn anfangs an der Leine lassen. Achten Sie immer auf eine ruhige Trainingsumgebung. Oder üben Sie, bevor Sie mit der Geruchsdifferenzierung beginnen, das klassische Training von „Sitz" und „Bleib".

Falsches Timing Das Timing von Vierbeiner und Zweibeiner stimmt noch nicht. Wenn Sie die ersten Schritte im Training begonnen haben, werden Sie merken, wie anspruchsvoll es ist, selbst das richtige Timing von Klicker und Belohnung zu erreichen und die richtigen Abläufe einzuhalten. Ein kleiner Tipp aus meiner Praxis ist so einfach wie genial: Filmen Sie sich oder lassen Sie sich filmen. Heutzutage mit den modernen Smartphones ist das recht gut machbar. Vielleicht ist es etwas seltsam, sich selbst auf Video zu sehen, aber der Lernerfolg eines sogenannten Videotrainings kann dazu dienen, dass Ihr Timing besser wird. In dem Moment, in dem Sie sich selbst im Film sehen und erkennen, wie Timing, Bewegungsabläufe und Koordination bei Ihnen und Ihrem Hund sind, können Sie die eigenen Fehler erkennen. Wenn Sie direkt in der Aktion stecken und mit Ihrem Hund trainieren, ist eine solche selbstreflektierende Wahrnehmung sehr schwierig und daraus entstehen oft kleine Fehler.

Unerwünschte Handlungen Der Hund versucht mit einer anderen Handlungskette als „mit der Nase am Klicker" sein Ziel zu erreichen, also das Leckerli zu bekommen: Er schleckt und beißt an der Leckerlihand oder er versucht ständig, mit der Pfote sein Ziel zu erreichen (ganz oft versucht der Hund den Trick „Gib Pfote" nachzuahmen). Bleiben Sie geduldig, Ihr Hund macht gerade Topfschlagen, also „learning by doing". Machen Sie kleine Lernschritte und bleiben Sie Ihrem Hund gegenüber immer fair. Wenn Sie merken, dass er auf keine andere Idee kommt, unterbrechen Sie ihn kurz, machen eine Pause und starten Sie später noch einmal neu. Manchmal ist es sogar eine Kombination aus verschiedenen Handlungsketten. Das liegt daran, dass Ihr Hund noch gar nicht verstanden hat, was Sie in diesem Moment von ihm möchten. Bleiben Sie geduldig.

KLICKER, LECKERLIS UND DIE DOSE IN DER HAND

Sie brauchen: Klicker, Leckerlis, eine Dose mit dem Zielgeruch
Aufbau: Hund und Mensch sitzen sich gegenüber, der Hund wartet ruhig, Klicker und Dose sind in der einen Hand, die Leckerchen in der anderen.
Ziel: Der Hund soll mit der Nase am Deckel der Dose verharren, die sich in der Klickerhand befindet.

VORBEREITUNG

Bevor Sie dem Hund nun zum ersten Mal eine entsprechende Dose präsentieren, benötigt es etwas Vorbereitung. Sie sollten sich spätestens jetzt für den entsprechenden Geruch entscheiden, auf den Sie Ihren Hund konditionieren möchten. Wie schon gesagt, empfehle ich einen Teebeutel, beispielsweise mit Kamillen- oder Fencheltee. Dies hat sich in der Praxis am besten bewährt. Nehmen Sie nun die erste Dose und schneiden Sie in den Deckel der Dose einige Löcher wie auf einem Würfel (vier oder fünf Löcher sind ideal). Besonders wichtig und deshalb sei es nochmal erwähnt: Es dürfen keine scharfen Grate am Deckel sein, an denen sich Ihr Hund stören oder sogar verletzen könnte. In diese erste Dose kommt nun der Teebeutel. Ihr Hund hat also bereits beim ersten Kontakt mit der Dose den Geruch in der Nase, um den es später gehen wird.

DOSE UND KLICKER IN EINE HAND

Nun haben Sie zwei Möglichkeiten, mit der Dose zu arbeiten. In der ersten Variante (Variante A) nehmen Sie Klicker und Dose in eine Hand, wie im Bild unten zu sehen ist. Das ist im Zweifelsfall nicht ganz einfach, wenn entweder die Dose zu groß oder Ihre Hand zu klein ist. Versuchen Sie, die Dose wie auf dem Foto in die Hand zu nehmen. Im späteren Verlauf werde ich Ihnen eine weitere Variante (Variante B) zeigen, mit der Sie auch arbeiten können, ohne die Dose in die Hand zu nehmen. Dies sollte aber lediglich als Plan B verstanden werden, denn dabei werden wir einen Schritt der Ausbildung überspringen.

Es ist wichtig, dass Sie die Dose mit dem Zielgeruch immer mit derselben Hand berühren.

Ich verwende stets die Klickerhand dafür. Das Handling mit Dose und Klicker will geübt sein.

Dose und Klicker in eine Hand, Leckerli in die andere.

Nun werden beide Hände dem Hund entgegen- …

LOS GEHT'S

Der Hund sitzt Ihnen in der Ausgangsposition gegenüber und kann bereits ruhig abwarten, bis von Ihnen die Aktivierung zum Start erfolgt. Sie halten in der einen Hand nun Klicker und Dose und in der anderen Hand ein Leckerli. Strecken Sie, wie bereits gelernt, beide Hände parallel der Hundenase entgegen und lassen Sie den Hund eventuell schon den Bruchteil einer Sekunde an der Dose riechen. In dem Moment, wenn der Hund an der Dose riecht, ziehen Sie beide Hände wieder auf Schulterbreite auseinander. Da der Hund die Handlungskette bereits verstanden hat, wird er mit der Nase an den Klicker gehen, um das Leckerli zu bekommen. Daher sollte der nächste Schritt nun ein relativ automatisiertes Verhalten sein. Der Hund wird aus Neugier und aufgrund der vorherigen Handlungen in den Trainings zur Hand gehen, in der sich Klicker und Dose befindet.

Nun ist wieder das richtige Timing entscheidend! Erinnern Sie sich daran, dass Sie in dem Moment ein Foto schießen möchten, wenn die Nase des Hundes den Deckel der Dose berührt. Das bedeutet, dass Sie in dem Moment klicken, wenn die Hundenase am Deckel ist! Sobald Sie entsprechend geklickt haben, geht die Leckerlihand direkt zum Dosendeckel und der Hund bekommt seinen Belohnungshappen. Danach können Sie mit ruhiger Stimme das Verhalten des Hundes bestätigen und er darf sich aus der Position Ihnen gegenüber entfernen.

Nachdem Ihr Hund das Leckerli bekommen hat, nehmen Sie dem Hund die Dose

gestreckt und auseinandergezogen.

Die Hände sollten auf einer Höhe sein. Wenn sich der Hund …

… für die Dose entscheidet, gibt es den Keks am Dosendeckel.

weg. Entfernen Sie also die Hand mit Dose und Klicker aus der Reichweite Ihres Hundes, damit er nicht nochmal ohne eine Bestätigung an die Dose geht.

MIT DREI LECKERLIS

Sobald Sie merken, dass der Hund diesen Ausbildungsschritt verstanden hat, können Sie wieder drei Leckerlis in die Hand nehmen. Sie haben in der Ausgangsposition Ihrem Hund gegenüber in einer Hand Klicker und Dose und in der anderen Hand drei Leckerlis. Nachdem Sie nun beide Hände wieder vor der Hundenase parallel auf circa 30 Zentimeter Entfernung auseinanderhalten, warten Sie wieder darauf, bis der Hund mit seiner Nase den Deckel der Dose berührt. In diesem Moment erfolgen „Klick und Leckerli“. Nun ist entscheidend, dass Sie Ihre Leckerlihand wieder auf die Ausgangsposition zur Seite hin zurücknehmen. Sobald der Hund wieder zur Dose geht, ertönt der nächste Klick und das zweite Leckerli wird verfüttert, und so verfahren Sie auch beim dritten Leckerli.

Die ersten beiden Aufbauschritte sind vergleichbar, erst ein Leckerli, dann drei Leckerlis. Erst ein Durchgang, im nächsten Schritt dreimal der gleiche Durchgang. Es geht darum, dass Ihr Hund eine Handlungskette lernt und bei der dreimaligen Wiederholung konzentriert die einzelnen Lernschritte durchführen kann, ohne mit der Nase nochmals weg von der Dose zu gehen. Wenn der Hund verstanden hat, dass er direkt nach dem Start zur Dose gehen soll und nicht mehr zur Futterhand, dann sind Sie bereit für den nächsten Schritt.

DIE DOSE ZWISCHEN DEN KNIEN

Sie brauchen: Klicker, Leckerlis, eine Dose mit dem Zielgeruch
Aufbau: Hund und Mensch sitzen sich gegenüber, der Hund wartet ruhig, der Klicker befindet sich in der einen Hand, die Leckerchen in der anderen, die Dose klemmt zwischen Ihren Knien.
Ziel: Der Hund soll mit der Nase am Deckel der Dose verharren.

DIE POSITION DER DOSE VERÄNDERT SICH

Nun nehmen Sie die Dose nicht mehr in die Hand, in der Sie den Klicker halten, sondern klemmen sich diese entweder, je nach Größe des Hundes, zwischen die Knie oder halten Sie diese mit beiden Füßen am Boden fest. Der veränderte Faktor ist, dass die Dose aus Ihrer Hand in Richtung Boden und im weiteren Schritt in die jeweilige Halterung wandert. Probieren Sie aus, was für Sie passt. An der Ausgangsposition verändert sich nichts. Ihr Hund sitzt Ihnen mit ausreichendem Abstand gegenüber, Sie nehmen mit der Klickerhand die Dose zwischen Ihre Knie oder Füße und mit der anderen Hand ein Stück Futter.
Beginnen Sie wieder mit einem Leckerli in der Hand, später verwenden Sie wieder drei Leckerlis pro Durchgang. Jede neue Stufe wird wieder genauso ausgearbeitet, denn damit stellen Sie sicher, dass sich keine Fehler einschleichen. Nun ist wieder das entscheidende Timing gefragt: Der Hund soll nun nach dem Startsignal direkt mit der Nase am Dosendeckel riechen.

STARTSIGNAL EINFÜHREN

Bei diesem Schritt der Ausbildung können Sie auch ein entsprechendes Signal zur Aktivierung des Hundes einführen. In dem Moment, wenn Sie Ihre Hände links und rechts von Ihren Knien halten, können Sie über ein „Los" oder „Okay" den Hund dazu animieren, zu starten. So bauen Sie automatisch ein entsprechendes Startsignal auf. Welches Signal Sie verwenden möchten, ist Ihnen überlassen, ein „Los", „Start" oder „Okay" bietet sich beispielsweise an. Seien Sie unbesorgt, Sie können auch ein Startsignal verwenden, das Teil Ihres täglichen Sprachgebrauchs ist, denn die Hunde verstehen recht schnell den Kontext und es werden keine Verwechslungen im Alltag passieren.
Wenn Sie die Dose zwischen die Knie geklemmt haben, halten Sie nun beide Hände links und rechts am jeweiligen Oberschenkel. Jetzt können Sie Ihr gewähltes Startsignal aussprechen und falls Ihr Hund unsicher ist, ihn mit einem Handzeichen unterstützen. Sobald er nach der Freigabe an der Dose riecht, ertönt ein Klick (die Klickerhand bleibt an der Oberschenkelaußenseite fixiert) und mit der Futterhand bestätigen Sie wieder Ihren Hund direkt am Dosendeckel mit einem Leckerli. Nach der Futterbestätigung entfernen Sie sofort die Dose mit der Klickerhand und bringen sie außer Reichweite Ihres Hundes!
Diesen Vorgang können Sie nun so lange wiederholen, bis Sie merken, dass Ihr Hund die neue Position der Dose sicher verstanden hat und immer mit der Nase direkt am Dosendeckel riecht, also sicher die gleiche Handlungskette wiederholt abrufen kann.

01

02

03

EXAKT ARBEITEN

Lassen Sie sich zwischen den einzelnen Durchgängen immer genügend Zeit, achten Sie darauf, dass der Hund genau verstanden hat, welche Handlung gewünscht ist. Schon kleine Ungenauigkeiten können dazu führen, dass der Hund eine falsche Handlungskette zeigt. Wenn wir wieder das Kinderspiel „Topfschlagen" heranziehen, so ist es in der Summe der Handlungen wichtig, dass die Richtung stimmt. Das Klickern ist für den Hund der Wegweiser, der ihm zeigt, dass seine Bemühungen und sein Verhalten gewünscht sind und in die richtige Richtung gehen. Das entscheidende Timing und die genauen Handlungsabläufe zwischen „Freigabe – Nase an die Dose – Klick – Füttern am Dosendeckel" sind jetzt wichtig! Achten Sie auch immer darauf, die Dose direkt nach der Fütterung mit der Klickerhand aus der Position zwischen den Knien zu entfernen. Es ist wichtig, dass der Hund nur nach Freigabe im Kontext der Handlungskette an die Dose kann. Auch hier wieder mein Tipp aus der Praxis: Filmen Sie sich. Denn dann erkennen Sie etwaige Fehler oder Ungenauigkeiten.

01 *Jetzt befindet sich die Dose zwischen den Knien. Der Hund wartet.*

02 *Die Hände sind am Oberschenkel, das Startsignal ertönt. Zielgerichtet geht Tarek an die Dose.*

03 *Genau dieses Bild soll entstehen – der Hund verharrt stabil an der Dose, Leckerli und Klicker daneben. Kurz darauf erfolgen Klick und Leckerchen.*

DURCHGANG MIT DREI LECKERLIS

Wenn Sie merken, dass der Hund die Handlungskette verstanden hat und immer sicher mit der Nase an die Dose geht, beginnt der nächste Schritt.
Nehmen Sie nun wieder drei Leckerlis in die Hand. Aktivieren Sie Ihren Hund, wenn er ruhig vor Ihnen sitzt, damit er wieder direkt mit der Nase zur Dose geht. In dem Moment, wo der Hund das gewünschte Verhalten zeigt, klicken Sie einmal und füttern Ihren Hund mit einem Leckerli direkt am Dosendeckel. Im Anschluss bewegen Sie die Futterhand wieder an die Außenseite des Oberschenkels und warten erneut ab, bis Ihr Hund den Dosendeckel ein weiteres Mal mit seiner Nase berührt. Dann können Sie wieder klicken und direkt am Deckel füttern. Danach wird dieser Durchgang ein weiteres Mal wiederholt. Schlussendlich soll der Hund in diesem Dreierdurchgang immer wieder sicher mit der Nase an die Dose.

VARIANTE FÜR KLEINE HUNDE

Die Dose befindet sich nicht zwischen den Knien, sondern am Boden zwischen den Füßen. Diese Variante eignet sich für kleine Hunde, aber auch für Hunde, für die der folgende Trainingsschritt zu schnell erfolgt:

Bei kleinen Hunden wird die Dose …

… zwischen die Füße geklemmt. Die Anzeige bleibt die gleiche.

Die Dose kommt in die dafür vorgesehene Halterung am Boden. Alternativ dazu können Sie die Dose zwischen Ihre Füße klemmen. Zugegebenermaßen erfordert diese Position eine kleine Turnübung, um den Hund zu bestätigen, da Sie das Belohnungsleckerli direkt an der Dose füttern müssen. Wenn es Ihnen zu mühsam ist, können Sie sich zu Ihrem Hund auf den Boden setzen oder einen niedrigeren Stuhl beziehungsweise einen kleinen Hocker verwenden.
Wenn der Hund die vorherige Handlungskette verstanden hat – also dass er direkt nach dem Start zur Dose zwischen den Knien beziehungsweise an den Füßen gehen muss und nicht mehr zur Futterhand –, dann sind Sie bereit für den nächsten Schritt. Dieser Trainingsschritt ist der anspruchsvollste.

FEHLERBOX: WELCHE FEHLER KÖNNEN AUFTRETEN?

Ihr Hund startet ohne Freigabe und geht direkt zur Dose oder zum Futter.
Nehmen Sie die Dose sofort aus der Position zwischen Ihren Knien weg und korrigieren Sie den Hund, indem Sie ihn wieder in seine Ausgangsposition zurückbringen. Erst wenn Ihr Hund aus seiner stabilen Warteposition heraus mit Ihrer Aktivierung startet, beginnt das Training. Seien Sie genau und fordern Sie von Ihrem Hund ein, nur und ausschließlich aus der ruhigen Warteposition zu starten. Ihr Hund muss nicht immer sitzen, bevor es losgeht. Er darf auch stehen bleiben, aber er muss aus der stabilen Warteposition heraus starten. Wenn ich einen schnellen, hibbeligen und quirligen Hund habe, kann es sogar der Stabilität dienen, den Hund aus dem Liegen, also aus dem „Platz" heraus zu starten. Habe ich jedoch einen ruhigen und stabilen Hund vor mir, so genügt mir, dass der Hund ruhig vor mir steht.

Ihr Hund geht direkt zum Futter und beachtet die Dose auf der neuen Position zwischen den Knien nicht.
Bleiben Sie geduldig und warten Sie, ob Ihr Hund irgendwann die Dose zwischen den Knien bemerkt. Es würde schon genügen, wenn er in den ersten Durchgängen lediglich die Dose anschaut. Auch dann können der Klick und das Füttern an der Dose erfolgen. Stück für Stück soll er wieder direkt mit der Nase an die Dose, um seine Futterbestätigung zu erhalten. Eine weitere Möglichkeit wäre es, dem Hund eine kleine Hilfe zu geben. Beachten Sie dabei, dass jede Hilfe im Laufe des Trainings wieder abgebaut werden muss! Eine Möglichkeit, dem Hund zu helfen, ist es, mit dem Klicker ein- oder zweimal auf den Dosendeckel klopfen und danach die Klickerhand wieder in die Ausgangsposition am Oberschenkel zurückzubewegen. Sobald der Hund nun die Dose als Ziel fokussiert oder sogar mit der Nase berührt, können Sie wieder das richtige Verhalten bestätigen.

Ihr Hund beißt in die Dose oder benutzt seine Pfote.
Gehen Sie gegebenenfalls einen Trainingsschritt zurück und nehmen Sie die Dose in die Hand. Achten Sie besonders gut darauf, dass die Handlungskette vom Hund exakt ausgeführt wird. Eine weitere Möglichkeit wäre, die Dose bei diesem unerwünschten Fehlverhalten sofort mit der Hand, in der Sie den Klicker halten, dem Hund wegzunehmen und auf die Seite zu stellen. Nach einer kurzen Pause geben Sie Ihrem Hund mit einem weiteren Durchgang erneut die Chance, das richtige Verhalten zu zeigen.

MEHRFACHKLICKS ALS „KEEP-GOING-SIGNAL"

Sie brauchen: Klicker, Leckerlis, eine Dose mit dem Zielgeruch
Aufbau: Hund und Mensch sitzen sich gegenüber, der Hund wartet ruhig, der Klicker befindet sich in der einen Hand, die Leckerchen in der anderen, die Dose klemmt zwischen Ihren Knien. Dieses Mal werden Mehrfachklicks als „Keep-going-Signal" eingeführt.
Ziel: Ausbau der passiven Anzeige. Der Hund soll nun länger mit der Nase am Deckel der Dose verharren, auch während mehrerer Klicks, bis er das Leckerli erhält.

Nun soll der Hund die ruhige, stabile und sogenannte „passive Anzeige" lernen. Noch geht es nicht um die Differenzierung von verschiedenen Gerüchen, sondern darum, dass er lernt, WIE die Anzeige sein soll, wenn er an der richtigen Dose ist. In diesem Schritt der Ausbildung werden wir mit Mehrfachklicks als „Keep-going-Signal" das Verharren an der Dose verstärken, sodass der Hund sozusagen daran kleben bleibt. Ein Trainerkollege von mir sagt dazu immer die „Pattex-Nase".

Ronya gibt das Startsignal, wenn Tarek stabil sitzt und wartet.

Das wird jetzt zwar etwas knifflig, aber mit Geduld und gutem Timing versteht der Hund nach und nach, was gemeint ist. Oft muss man an diesem Punkt der Ausbildung etwas variabel arbeiten, auf den Hund eingehen und geduldig bleiben.

DIE PASSIVE ANZEIGE

Die Idee ist, dass Sie, sobald der Hund mit der Nase an der Dose ist, zwar einmal klicken, jedoch keine Futterbestätigung erfolgt. Warten Sie ab, der Hund wird zwar anfangs irritiert sein, aber sobald er nochmals an die Dose geht, ertönt wieder ein Klick und dann gibt es das Leckerchen an der Dose. Einfach gesagt bekommt der Hund nicht mehr für jeden Klick ein Leckerli, sondern es ertönen ein bis drei Klicks relativ schnell hintereinander und erst dann wird mit dem Futter bestätigt.

Seine Anzeige wird durch ein Keep-going-Signal …

… bestätigt. Er bleibt stabil an der Dose.

Warum nicht von Anfang an mit Mehrfachklicks? Ganz einfach, zuerst muss der Hund die Handlungsketten verstehen und motiviert arbeiten. Erst danach kann man eine ruhige, konzentrierte Anzeige an der entsprechenden Dose erarbeiten. Die klassische Anzeige bei der Geruchsdifferenzierung ist die sogenannte passive Anzeige. Bei der passiven Anzeige soll der Hund an der Dose verharren, und zwar ruhig und stabil, er soll quasi „an der Dose kleben".

Noch Mal: **Dieser Schritt dient nun dazu, dass der Hund längere Zeit an der Dose verharrt. Er soll also mit der Nase an der Dose bleiben, solange geklickt wird, bis er am Ende das Leckerli am Dosendeckel bekommt.** Die Mehrfachklicks sind also das sogenannte „Keep-going-Signal", ein „Bleib-weiter-an-der-Dose", „warte … bis …".

ABLÄUFE BLEIBEN GLEICH

Auch in diesem Lernschritt ist es wichtig, dass Sie die bisherigen Abläufe beibehalten. Lassen Sie Ihren Hund nur aus der ruhigen stabilen Position heraus starten. Nehmen Sie mit der Klickerhand die Dose zwischen die Knie, nehmen Sie anschließend die Leckerlis in die Hand und halten Sie Ihre Hände parallel vor der Brust zusammen. Gleichzeitig mit dem Startsignal nehmen Sie die Hände wieder in die Ausgangsposition auf der Oberschenkelaußenseite und der Hund darf mit der Aktion starten.

VARIABEL KLICKEN

Die Mehrfachklicks sollten variabel ertönen, zum Beispiel als ein schneller Doppelklick und dann wird der Hund gefüttert. Versuchen Sie, die Pause zwischen den Doppelklicks immer wieder in kleinen Nuancen und variabel zu verlängern. Der Hund soll in der Pause zwischen den beiden Klicks immer noch an der Dose verharren. Hier sind etwas Geschick und Geduld gefragt.

Dieser Lernschritt ist besonders wichtig, achten Sie hier auf das richtige Timing. Alles, was später für die Geruchsdifferenzierung benötigt wird, damit der Hund eine sogenannte passive Anzeige machen kann, ist, dass er lernt, dauerhaft und ruhig an der Dose zu verweilen.

Sie können die Klicks variieren. Der Hund startet, geht direkt zur Dose, dann warten Sie einen Augenblick, bis der Klick erfolgt. Entweder füttern Sie an der Dose oder Sie klicken noch ein weiteres Mal, bis der Hund das Futter bekommt. Versuchen Sie also in diesem Lernschritt zwischen einem und maximal drei Klicks zu variieren. Ziel soll sein, dass der Hund für die Dauer der drei Klicks an der Dose bleibt, bis das Futter folgt. Unten im Diagramm werden die Variationen dargestellt. Drei einzelne Klicks, ein einzelner Klick und ein Doppelklick, ein Doppelklick und anschließend ein Einzelklick. Zwischen diesen Möglichkeiten können Sie wechseln. Das Futterstück kann auch nach einem einzelnen Klick oder einem Doppelklick gegeben werden. **Achten Sie jedoch darauf, dass Sie nie mehr als drei Klicks machen, bis der Hund das Futter erhält. Ziel sollte eher sein, die Dauer zwischen den drei einzelnen Klicks bis zum Füttern auszudehnen, während der Hund ruhig an der Dose bleibt. Die Pause zwischen den einzelnen Klicks sollte maximal fünf Sekunden lang sein.**

Maximal bis zu drei Klicks

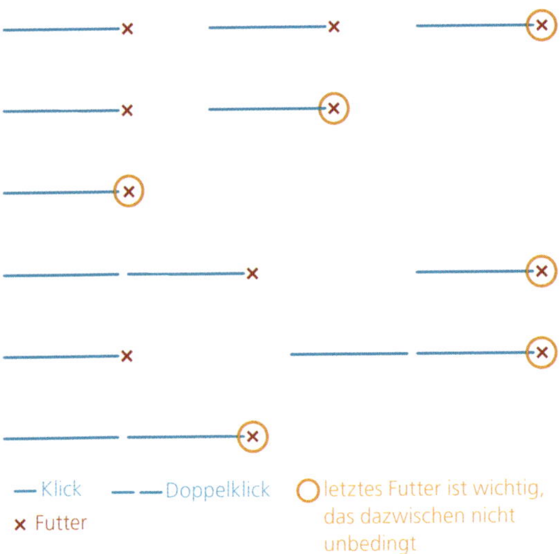

So können Sie die Mehrfachklicks variieren.

Gar nicht so einfach: Das richtige Timing.

MIT DREI LECKERLIS

Im nächsten Schritt können Sie nun wieder mit drei Leckerlis in der Hand fortfahren. Das bedeutet, Ihr Hund bewegt seine Nase sicher zur Dose, Sie arbeiten mit drei variablen Klicks bis zum Futter, dann gehen Sie wieder mit Ihrer Hand zurück an die Oberschenkelaußenseite, es ertönt eine weitere Klick-Variation und so wird das dritte Futterstück ebenfalls gegeben.

Dieser Trainingsschritt ist sehr komplex und erfordert sehr viel Übung. Der Hund muss verstehen, was von ihm verlangt wird (länger an der Dose verweilen, das „Keep-going-Signal“ des Klickers bedeutet also „bleib an der Dose“. Die Mehrfachklicks sind wie ein Versprechen für ein Leckerli. In der Zwischenzeit soll er an der Dose bleiben. Auch bei drei Futterstücken hintereinander, also einem kompletten Durchgang, soll der Hund dieses Verhalten zeigen). Lassen Sie sich Zeit und gehen Sie erst zum nächsten Schritt über, wenn es für Sie beide sicher und sauber klappt.

DIE DREI HALTERUNGEN KOMMEN HINZU

Sie brauchen: Klicker, Leckerlis, eine Dose mit dem Zielgeruch, drei Halterungen
Aufbau: Hund und Mensch sitzen sich gegenüber, der Hund wartet ruhig, der Klicker befindet sich in der einen Hand, die Leckerchen in der anderen, die Dose kommt in eine der Halterungen.
Ziel: Der Hund soll nun mit der Nase an den Dosendeckel gehen und sie sicher anzeigen, egal in welcher Position der Halterungen sich die Dose befindet.

DIE HALTERUNGEN

Das Schöne bei der Geruchsdifferenzierung ist, dass Sie mit verschiedenen Möglichkeiten, Dosen und Halterungen arbeiten können. Am Markt gibt es mehrere Hersteller, die für die Geruchsdifferenzierung ähnliche Sets herstellen. Im Grundaufbau unterscheiden sie sich jedoch nicht. Es gibt mehrere Dosen, die variabel in einer Halterung eingesetzt werden können, damit die Dosen nicht lose auf dem Boden stehen und der Hund damit spielt oder die Dosen verschieben und umwerfen kann. Beispielhaft hierfür sind die blauen sowie die grünen Moosgummiteile, es kann aber auch mit einer eigenen Halterung, wie die von mir konstruierte Holzbox, gearbeitet werden, bis hin zu einer regelrechten Profiausstattung.
Natürlich ist es einerseits eine Preisfrage, andererseits die Frage, wie aufwendig und wie professionell die Geruchsdifferenzierung durchgeführt werden soll. Das graue, professionelle Suchboard wird zum Beispiel für die Konditionierung von Suchhunden in der Ausbildung für Bettwanzenspürhunde eingesetzt. Allerdings reden wir hier von einer ganz anderen Preisklasse. Viel wichtiger ist, dass mit undurchsichtigen Dosen

Ältere Hunde mögen oft erhöhte Halterungen.

Ein Profiset zur Geruchsdifferenzierung.

Drei Halterungen sind zwischen Ronya und Odin.

Bleib geduldig, bis der Hund ruhig an der Dose verharrt.

Exaktes Bestätigen an der Dose.

Die Dose wird auf den Positionen eins bis drei vertauscht.

Odin schaut zu und wartet auf die Freigabe.

Egal, wo die Dose ist, Odin zeigt sicher an.

gearbeitet wird, sodass von außen nicht erkennbar ist, ob sich ein Stoff in der Dose befindet und welcher es ist. Diese Fehlerquelle sollte sowohl für den Hundeführer als auch für den Hund ausgeschlossen werden, da der Hund möglicherweise von Ihnen beeinflusst werden könnte.
Je nach Hund, Größe und Alter kann die Dose erhöht oder flach auf dem Boden in der Halterung positioniert werden. Probieren Sie einfach aus, welche Position für Sie beide angenehmer ist und die Anzeige einfacher macht.

LOS GEHT'S

Was gleich bleibt Gleich ist Ihre Position zum Hund. Was sich ebenfalls nicht verändert, ist die Haltung Ihrer Hände links und rechts außen am Oberschenkel, und es bleibt noch immer bei einer Dose mit dem Geruch, mit dem Sie bisher gearbeitet haben.
Neu ist Es kommen die Halterungen (drei Stück) hinzu. Es geht jetzt darum, dem Hund zu zeigen, dass sich die Dose, die er ja schon kennt, auf allen drei Positionen in der Halterung befinden kann. Diese Variabilität der Dose in den Halterungen kommt neu hinzu.
Wichtig ist, dass sich der Start, die Anzeige und die Bestätigung nicht vom bisherigen Aufbau unterscheiden. Rückblickend wandert die Dose also von der Hand, zu den Knien, auf den Boden und in die Halterung. Die Position des Hundes Ihnen gegenüber bleibt jeweils gleich. Die Position Ihrer Hände links und rechts an den Oberschenkeln verändert sich auch hier nicht. Jetzt müssen Sie Ihre Hände nicht mehr vor der Startfreigabe vor Ihrer Brust zusammenhalten. Sie können sie links und rechts am Oberschenkel belassen und den Hund dann mit dem zuvor eingeführten Startsignal aktivieren. Achten Sie darauf, dass Sie die Dose nur und ausschließlich mit der Hand anfassen, in der Sie den Klicker halten!

DIE POSITION DER DOSE

Der Hund soll nun lernen, dass sich die Dose in einer der drei Positionen in der Halterung befindet. Mit der Startaktivierung soll er direkt zur Dose gehen und dort mit der Nase am Deckel verharren.
Nutzen Sie in diesem Trainingsschritt wieder die Mehrfachklicks als „Keep-going-Signal". Starten Sie in den ersten Durchgängen wieder mit einem Leckerli, später können Sie mit drei Leckerlis je Durchgang arbeiten.
Dieser Lernschritt mag anfangs komplex erscheinen, doch wenn die einzelnen Schritte zuvor sauber aufgebaut wurden, versteht Ihr Hund relativ schnell, was von ihm erwartet wird. Die Dose kann links, in der Mitte oder rechts positioniert werden. Achten Sie wieder darauf, dass der Hund, der Ihnen im passenden Abstand gegenübersitzt, ruhig startet, damit die Konzentration hoch bleibt. Zuerst platzieren Sie die Dose wieder in die Halterung, anschließend geben Sie das Startsignal. Verharrt der Hund mit der Nase an der Dose, erfolgt der Klick und er bekommt das Leckerchen.
Nachdem Sie mit Futter bestätigt haben, ist es wichtig, dass Sie die Dose mit Ihrer „Klickerhand" aus der Halterung nehmen und außer Reichweite des Hundes abstellen, denn er soll nicht von sich aus zur Dose gehen und daran schnuppern.

AN DER DOSE BELOHNEN

Auch hier ist es wichtig, dass Ihr Hund immer noch direkt an der Dose belohnt wird. Dieses Detail, das genaue Füttern an der Dose, sollte sehr lange, wenn nicht sogar für immer beibehalten werden. Wie Sie sehen, baut jeder Lernschritt auf dem anderen auf. Wenn Sie oder Ihr Hund noch etwas mehr Routine und Sicherheit in den Abläufen benötigen oder der Fokus des Hundes auf die Arbeit noch nicht stabil ist, können Sie zu Beginn des Trainings noch mal ein oder zwei Lernschritte zurückzugehen, um das Verhalten zu festigen.

GERUCHS-DIFFERENZIERUNG
— *Die Unterscheidung beginnt*

Drei Dosen, aber nur eine hat den Geruch.

DAS „HÜTCHENSPIEL" BEGINNT

Sie brauchen: Klicker, Leckerlis, eine Dose mit dem Zielgeruch, zwei leere Dosen, drei Halterungen
Aufbau: Hund und Mensch sitzen sich gegenüber, der Hund wartet ruhig, der Klicker befindet sich in der einen Hand, die Leckerchen in der anderen, die Dosen kommen in die Halterungen.
Ziel: Der Hund soll nun aus drei Dosen die Dose mit dem Zielgeruch herausfinden, mit der Nase an den Dosendeckel gehen und diese sicher anzeigen, egal in welcher Position sie sich in der Halterung und zu den leeren Dosen befindet.

ZWEI DOSEN KOMMEN DAZU

Wir haben uns bisher darauf konzentriert, dass der Hund lernt, die Anzeige sauber, sicher und ruhig auszuführen. Und zwar an der Dose, die bereits mit dem für ihn vertrauten Geruch präpariert ist. Bisher ging es noch nicht um eine Differenzierung von verschiedenen Dosen oder gar von verschiedenen Gerüchen. Mit dem nächsten Lernschritt ändert sich das, denn jetzt kommen zwei weitere, leere Dosen hinzu. Warum verwendet man gleich zwei weitere Dosen? In der Praxis hat sich herausgestellt, dass die Hunde bei zwei Dosen keinen großen Lerneffekt haben, sondern nur eine Fifty-Fifty-Entscheidung treffen. Bei drei Dosen jedoch muss sich der Hund gezielt für die entsprechende (richtige) Dose entscheiden, er lernt nun also den Geruch als wichtig kennen und zu differenzieren.

GLEICHES AUSSEHEN

Erinnern Sie sich, was ich anfangs bezüglich der verschiedenen Dosen erwähnt hatte? Alle Dosen sollten unbedingt das gleiche Lochmuster im Deckel haben. Man ist zwar am Anfang versucht, die verschiedenen Dosen durch unterschiedliche Muster kenntlich zu machen, doch darin liegt auch eine große Fehlerquelle.
Da man durch verschiedene Muster im Deckel weiß, in welcher Dose sich der entscheidende Geruch befindet, entsteht eine Erwartungshaltung bei uns Menschen. Wir wissen durch die Markierungen also, an welcher Dose der Hund verharren soll, und so werden wir bewusst oder unbewusst durch unsere Körpersprache dem Hund signalisieren, welche Dose die richtige ist. Wir „drücken" ihn also regelrecht in die richtige Richtung und der Hund wird dann lernen, nicht mehr selbst zu arbeiten, sondern nur noch auf uns zu achten. Hunde sind Meister darin, unsere Körpersprache zu lesen. Wir sollten uns also möglichst neutral verhalten.

Die Dosen sollten alle gleich aussehen, eine bekommt den Tee.

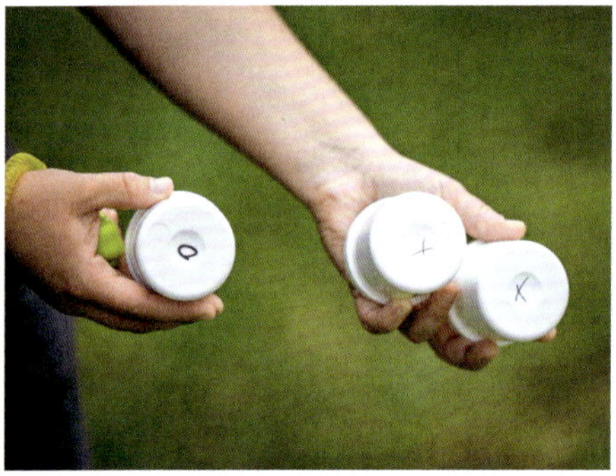

Es ist wichtig, alle Dosen zu markieren.

Sauberes Arbeiten ist jetzt wichtig! Klicker und …

WIE MAN DIE DOSEN UNTERSCHEIDET

Andererseits ist es wichtig, dass wir die Dosen unterscheiden können. Nichts wäre schlimmer, als nicht mehr zu wissen, welche die richtige Dose ist und welche die Dosen mit den Verleitgerüchen. Um die einzelnen Dosen unterscheiden zu können, markiere ich alle Dosen mit einem schwarzen, wasserfesten Filzstift. Wichtig ist, dass man alle Dosen mit diesem Stift markiert! Auf dem Bild oben ist zu erkennen, dass die Dose mit dem Geruchsartikel mit einem Kreis und die leeren oder die später mit einem Verleitgeruch präparierten Dosen mit einem Kreuz auf dem Boden markiert sind.
Würden Sie lediglich die eine Dose mit dem Filzstift kennzeichnen, in der der Geruch ist, ist nicht sichergestellt, ob Sie Ihren Hund nicht möglicherweise auf den Geruch des Filzstifts konditionieren! Nur wenn alle Dosen gleich behandelt werden, können Sie diese Fehlerquelle ausschließen.

SAUBER ARBEITEN

In diesem Schritt soll der Hund lernen, verschiedene Dosen zu unterscheiden und dabei immer nur die Dose mit dem ankonditionierten Geruch anzuzeigen. Jetzt heißt es, sauber zu arbeiten: Die anfangs erwähnte Eselsbrücke, die Dose mit dem Zielgeruch nur mit der Hand anzufassen, in der Sie den Klicker halten, ist wichtig! Nehmen Sie alles, was mit dem Geruch zu tun hat, in die Klickerhand. Alles andere, also die leeren Dosen, die Halterung und die Leckerlis, können Sie mit der anderen Hand berühren und anfassen.

WO IST DER GERUCH?

Während der Hund ruhig und abwartend Ihnen gegenübersitzt, mischen Sie die drei Dosen auf den verschiedenen Positionen. Merken Sie sich unbedingt, auf welcher Position sich die Dose mit dem Geruch befindet! Es wäre fatal, den Hund an der falschen Dose zu bestätigen.

PRAXISTIPP

Nutzen Sie einen Würfel, den Sie sich so hinlegen, dass sich jeweils die Ziffer oben befindet, die mit der Position der Zielgeruchsdose übereinstimmt. Diese Hilfe können Sie später wieder abbauen. Sie hilft Ihnen aber jetzt, sodass Sie nicht fälschlicherweise an einer falschen Dose klicken!

... Geruch kommen immer in die gleiche Hand!

Hier beginnt die Geruchsdifferenzierung.

LOS GEHT'S

Mit welcher Hand Sie anfangen und welche Dose Sie zuletzt in die Halterung stellen, spielt keine Rolle. Achten Sie einfach darauf, dass der Hund in der Zeit, in der Sie die Dosen tauschen, sitzen bleibt. Andernfalls brechen Sie den Startvorgang ab, korrigieren den Hund wieder in die ruhige Startposition und dann geht es von Neuem los. Nachdem Sie alle Dosen entsprechend positioniert haben, nehmen Sie zuerst wieder ein Leckerli in die Hand (erst wenn Ihr Hund diesen Lernschritt verstanden hat, arbeiten Sie wieder mit drei Leckerlis) und geben ihn mit dem entsprechenden Aktivierungssignal frei. Ihre Hände sind zu dieser Zeit wieder links und rechts am Oberschenkel. Ihr Hund wird nun anfangs per Zufall entweder sofort die richtige Dose anzeigen – dann können Sie sofort klicken und bestätigen – oder er verharrt an einer leeren Dose.
Sie werden jedoch merken, dass Ihr Hund irritiert ist, denn diese Dose riecht nicht nach dem ihm bekannten Geruch. Bleiben Sie ruhig und geduldig und warten Sie, bis er zur nächsten Dose geht. Sobald Ihr Hund an der richtigen Dose ankommt, können Sie ihn wieder durch entsprechende Mehrfachklicks bestätigen, auch hier zuerst mit einem Leckerli. Nachdem Sie gefüttert haben, entfernen Sie mit der Klickerhand die Dose mit dem Geruch, damit der Hund nicht von sich aus eine Anzeige machen kann.
Falls Sie feststellen, dass Ihr Hund nicht von sich aus zur richtigen Dose geht, können Sie ihm eine kleine Hilfe geben. Schauen Sie ruhig und gelassen die Dose an, um die es geht. Ihr Hund wird Ihrem Blick folgen und sich der richtigen Dose zuwenden. Achten Sie auf das Timing: Im Zweifelsfall können Sie bereits klicken, wenn er die richtige Dose anschaut (dann klicken und exakt an der richtigen Dose, am Dosendeckel, füttern). Wenn Sie merken, dass Ihr Hund bei diesem Trainingsschritt sicher wird, können Sie wieder mit drei Leckerlis arbeiten. Das heißt, dass Ihr Hund gezielt zur richtigen Dose geht, Mehrfachklicks und die Zwischenfütterung erfolgen und Sie die Dose nach dem letzten Stück Futter entfernen.

DER EINSTIEG IN DIE GERUCHSDIFFERENZIERUNG

Zum jetzigen Zeitpunkt sollte der Hund alle Abläufe verinnerlicht haben und bis zur Freigabe ruhig warten können. Und für Sie ist das saubere Arbeiten mit dem Geruch mittlerweile Routine, das Timing mit dem Klicker sowie das punktgenaue Füttern an der Dose gehen Ihnen locker und ruhig von der Hand.

DER ERSTE VERLEITGERUCH

Sie brauchen: Klicker, Leckerlis, eine Dose mit dem Zielgeruch, zwei Dosen mit einem Verleitgeruch, drei Halterungen
Aufbau: Hund und Mensch sitzen sich gegenüber, der Hund wartet ruhig, der Klicker befindet sich in der einen Hand, die Leckerchen in der anderen, die Dosen kommen in eine der Halterungen.
Ziel: Der Hund soll nun aus drei Dosen die Dose mit dem Zielgeruch herausfinden, mit der Nase an den Dosendeckel gehen und diese sicher anzeigen, egal in welcher Position sie sich in der Halterung und zu den Dosen mit dem Verleitgeruch befindet.

DIE WAHL DES VERLEITGERUCHS

An diesem Punkt der Ausbildung kommen nun die ersten Verleitgerüche hinzu. Entscheiden Sie sich beim ersten Verleitgeruch für einen recht einfachen und deutlich anders riechenden Geruch, zum Beispiel Würfelzucker oder Salz. Schwerere, intensivere Gerüche, wie getrocknete Kräuter, Kaffeepulver oder andere Teesorten, werden erst zu einem späteren Zeitpunkt genutzt.
Wenn Sie sich für einen Verleitgeruch entschieden haben (nennen wir ihn Verleitgeruch A), dann deponieren Sie diesen nun in den beiden Dosen. Achten Sie auch hier wieder genau darauf, dass Sie diese Dosen mit dem Verleitgeruch lediglich mit der Futterhand anfassen (mit der Klickerhand berühren Sie weiterhin nur den ankonditionierten Geruch und die entsprechende Dose!).
Und nun geht es mit den insgesamt drei Dosen zum bisherigen Aufbau zurück. Dabei befindet sich in der einen Dose unser ankonditionierter Geruch (z.B. Kamillentee) und in den anderen beiden Dosen der Verleitgeruch A. Also drei Halterungen, drei Dosen, zweimal mit Verleitgeruch und einmal mit dem Hauptgeruch (in diesem Beispiel Kamillentee).

LOS GEHT'S

Und der Auftritt des Hütchenspielers geht in die neue Runde: Mischen Sie alle drei Dosen auf den verschiedenen Positionen und achten Sie darauf, dass Ihr Hund ruhig warten kann. Ihre Hände sind wieder an den Außenseiten links und rechts Ihrer Oberschenkel und dann erfolgt das Startsignal. Nach der Aktivierung des Hundes achten Sie darauf, wie er sich verhält. Sollte er an einer Dose mit dem Verleitgeruch verweilen, warten Sie einfach geduldig ab, bis sich Ihr Hund der nächsten Dose zuwendet. Wenn er zur nächsten Dose mit dem Verleitgeruch kommt, bleiben Sie weiterhin geduldig. Sollte Ihr Hund an der Dose mit dem ankonditionierten Geruch verharren, klicken Sie recht schnell und exakt und bestätigen ihn mit dem Leckerli an der Dose. Das heißt, Sie helfen Ihrem Hund anfangs ein bisschen, indem Sie ihm sehr schnell signalisieren, welches die wichtige und richtige Dose ist. Zu Beginn setzen Sie wieder das Schema „1 Klick, 1 Leckerli“ ein und entfernen gleich nach der Bestätigung die richtige Dose. Die anderen Dosen können Sie in der Halterung belassen.
Diesen Ablauf sollten Sie in einigen Durchgängen so beibehalten. Tauschen Sie die Dosen beliebig durch, bis Sie merken, dass Ihr Hund verstanden hat, worum es geht.

Bei der Wahl der Verleitgerüche ist Ihre Phantasie gefragt.

DREI KLICKS, DREI LECKERCHEN

Dann können Sie wieder nach dem Schema „3 Klicks, 3 Leckerlis“ arbeiten. Wenn Ihr Hund auch hier sicher und stabil ist, lassen Sie die Bestätigung wieder durch Mehrfachklicks einfließen. Das Füttern an der Dose bleibt weiterhin wichtig und nach dem letzten Leckerli entfernen Sie die Dose mit der Klickerhand gleich wieder.

GUTES TRAININGSLEVEL

Sie werden merken, dass Ihr Hund mit den Verleitgerüchen weitaus weniger Schwierigkeiten hat, als erwartet. Er wird zwar anfangs irritiert sein, dass nun weitere Dosen mit Geruch hinzukommen, aber der ankonditionierte Geruch (zum Beispiel Kamillentee) bleibt konstant vorhanden. Schlussendlich muss sich der Hund ja nicht damit befassen, wonach die anderen Dosen riechen, sondern lediglich ausschließen, dass es nicht die Dose mit dem ankonditionierten Geruch ist. Sie werden merken, dass Ihr Hund jetzt ein Trainingslevel erreicht hat, bei dem er ein hohes Konzentrationsvermögen, ruhiges Differenzieren sowie die sichere Anzeige beherrscht.

Alle weiteren Kapitel werden sich nunmehr mit dem Thema der Suche und Differenzierung, einer Veränderung der Suchposition von Ihnen und Ihrem Hund beschäftigen. Die ruhige, sichere Anzeige, die Gabe von drei Leckerlis sowie die Keep-going-Mehrfachklicks wurden in den bisherigen Kapiteln behandelt. Hier sollte Ihr Hund keinerlei Baustellen haben, Unsauberkeiten oder Fehler mehr machen. Ansonsten bleiben Sie länger in dem jeweils erforderlichen Schritt oder gehen sogar ein oder zwei Schritte zurück, bis es sicher klappt!

VERÄNDERTE STARTPOSITION

Sie brauchen: Klicker, Leckerlis, eine Dose mit dem Zielgeruch, drei Dosen mit jeweils dem gleichen Verleitgeruch, vier Halterungen, später weitere Dosen
Aufbau: Hund und Mensch stehen nun nebeneinander, der Hund wartet ruhig, der Klicker befindet sich in der einen Hand, die Leckerchen in der anderen, die Dosen kommen in die Halterungen.
Ziel: Der Hund soll aus der neuen Position ruhig starten, aus den vier Dosen die Dose mit dem Zielgeruch herausfinden, mit der Nase an den Dosendeckel gehen und diese sicher anzeigen, egal in welcher Position sie sich in der Halterung und zu den übrigen Dosen mit dem Verleitgeruch befindet.

VORERST NUR EIN VERLEITGERUCH

An diesem Punkt des Trainings könnten Sie bereits mit weiteren Verleitgerüchen arbeiten. Doch auch hier möchte ich Sie noch um etwas Geduld bitten. Noch sind wir nicht am Ende des Suchaufbaus, denn es gibt noch einige Abläufe, die vorher trainiert und stabilisiert werden sollten. Bevor Ihr Hund nicht sicher den Zielgeruch, in unserem Beispiel Kamille, erkennt und anzeigt, machen Sie es sich und Ihrem Hund derzeit noch zu schwer, wenn Sie mehr als einen Verleitgeruch hinzunehmen würden. Sie würden die Fehlerquote im Training, im

1. Zeigen der Suchlage, der Hund wartet.

2. Tarek wird am Suchaufbau entlang geführt.

Aufbau und der Konditionierung erhöhen. Besser und sicherer ist es, die Anzahl der Dosen zu erhöhen und erst zu einem späteren Zeitpunkt, wenn Sie bei maximal sechs Dosen angelangt sind, neue Verleitgerüche hinzuzufügen.

DER NEUE START

Bisher diente die gegenüberliegende Startposition von Ihnen und Ihrem Hund als Konstante bei den einzelnen Lernschritten. Ihr Hund kann in dieser Position wesentlich ruhiger bleiben und für Sie ist es einfacher, das richtige Timing und Handling mit Klicker und Bestätigung zu erlernen. Mit der vierten Dose wird nun der Suchaufbau ergänzt. Der nun wichtigste Schritt ist die Veränderung der Startposition. War es bei bis zu drei Dosen bisher so, dass der Hund Ihnen gegenübersitzt und die Halterung zwischen Ihnen beiden lag, stehen Sie ab sofort neben Ihrem Hund und die Halterung liegt nun vor Ihnen.

AUF DER SEITE DES KLICKERS

Auf welcher Seite der Hund neben Ihnen sitzt, wird dadurch bestimmt, in welcher Hand Sie den Klicker halten: Führen Sie den Hund auf der Seite, in der Sie den Klicker halten. In der dem Hund abgewandten Hand halten Sie die Futterbestätigung bereit. Sprich, wenn sich der Klicker in Ihrer rechten Hand befindet, sitzt Ihr Hund rechts von Ihnen. Das wird wichtig, wenn Sie ihn an der richtigen Dose bestätigen möchten.

LOS GEHT'S

Beginnen wir nun mit Ihrer neuen Position zum Hund und der Halterung. Lassen Sie Ihren Hund neben sich sitzen und machen

3. Wenn er an der richtigen Dose verharrt, …

4. … erfolgt der Klick und er wird an der Dose gefüttert.

Sie einen Schritt in Richtung der Halterung. Achten Sie darauf, dass Ihr Hund sitzen bleibt, während Sie einen Schritt nach vorne machen, um über die einzelnen Dosen hinweg zu zeigen. Dies dient dazu, dass Ihr Hund die sogenannte Suchlage, also den Aufbau, die Position der Halterungen und der Dosen optisch wahrnimmt und konzentrierter arbeiten kann. Sie fokussieren ihn sozusagen auf seine Aufgabe.

Während Sie über die Dosen hinweg zeigen, können Sie mit der anderen Hand Ihrem Hund signalisieren, dass er konzentriert in der Warteposition verbleiben soll.

Dann gehen Sie wieder ruhig mit Ihrem Hund an den Halterungen entlang und beobachten Sie ihn genau. Ihr Hund kennt bereits die Dosen und weiß, dass er an jeder einzelnen riechen soll. Lassen Sie ihm die Zeit, jede Dose zu kontrollieren, aber bleiben Sie nicht stehen, sondern gehen Sie langsam und flüssig weiter. Denn wenn Sie stehen bleiben, werden Sie Ihren Hund durch Ihre Körpersprache beeinflussen. Stellen Sie sich vor, Sie laufen an jeder Dose mit Verleitgeruch weiter, halten jedoch einen kurzen Moment an der richtigen Dose inne. Der Hund wird nicht lange brauchen, um herauszufinden, dass Sie ihm zeigen, um welche Dose es sich handelt.

Wenn Sie merken, dass Ihr Hund sich durch Ihre Bewegung ablenken lässt und dabei vergisst, an den Dosen zu riechen, dann können Sie ihm jede Dose kurz mit der Klickerhand zeigen. Diese Hilfe wird im Laufe des Trainings wieder abgebaut.

Wenn Ihr Hund dennoch Schwierigkeiten hat, an jeder einzelnen Dose zu riechen, um den relevanten Geruch (Kamillentee) zu erkennen, sollten Sie gegebenenfalls noch einmal einen Schritt zurück – zum Aufbau „Hütchenspieler“ – gehen. Ihr Hund kann und darf auch zwischen den einzelnen Dosen hin und her laufen und sie noch mal in Ruhe kontrollieren. In diesem Fall bleiben Sie einfach langsam in der Vorwärtsbewegung und animieren ihn dadurch, auch die anderen Dosen zu prüfen.

PROBIEREN SIE AUS

Sie können auch ausprobieren, welche Position Ihr Hund zu den Halterungen und den Dosen bevorzugt, beziehungsweise was für Sie beim Führen am besten funktioniert. Finden Sie heraus, in welcher Entfernung Ihr Hund warten soll. Probieren Sie, ob es

---

ZWEI KLEINE PRAXISTIPPS

1. Tipp Verwenden Sie eine kurze Leine, um Ihren Hund zu führen. Halten Sie die Leine auch mit der Hand fest, in der Sie den Klicker halten. Dann können Sie den Hund zielgerichteter, ruhiger und entspannter entlang der Halterungen führen. Es sollte eine kleine und leichte Leine sein, die nicht länger als 1,50 Meter ist. Eine Doppelleine eignet sich meiner Erfahrung nach nicht dafür, denn sie ist meistens zu schwer und zu unhandlich. Zudem sollte die Leine am Halsband befestigt sein und nicht an einem Geschirr, weil der Anbindepunkt zu weit hinten liegt. Wenn der Hund nur das Geschirr kennt oder noch nicht ruhig und entspannt am Halsband laufen kann, spricht auch nichts gegen ein gut sitzendes Geschirr.

2. Tipp Oft ist es so, dass der Hund noch sehr unkoordiniert über die Halterungen und Dosen hinwegläuft, darauf herumsteht und links und rechts hin und her läuft. Sie können ihm helfen, indem Sie den Suchaufbau, also die Halterungen, entlang einer Wand aufstellen. Dadurch setzen Sie Ihrem Hund anfangs eine räumliche Begrenzung, damit er sauber und gerade entlang der Halterungen läuft.

---

leichter ist, wenn er im rechten Winkel zu den Halterungen startet oder in der Laufrichtung sitzt. Für diese Variationen sollte Ihr Hund bereits recht stabil sein und so können Sie herausfinden, was am besten bei Ihnen und Ihrem Hund funktioniert.

DOSEN NICHT ÜBERLAUFEN

Starten Sie so, dass Ihr Hund mit der ersten Dose beginnt. Klingt einfach, aber manche Hunde neigen dazu, die erste Dose zu überlaufen und erst an der zweiten oder dritten zu riechen. Hier kann es helfen, mit etwas mehr Abstand zu den Halterungen zu starten. Manche Hunde sitzen direkt vor den Halterungen, andere wollen zwei Schritte darauf zu machen. Es hilft auch, die Position des Hundes zu den Halterungen zu verändern. Manche Hunde starten in gerader Linie besser, für andere ist es günstiger, im rechten Winkel zu den Halterungen zu starten. Führen Sie Ihren Hund langsam und ruhig an den Halterungen entlang. Ihr Hund wird bereits gelernt haben, von Dose zu Dose zu gehen und an jeder zu riechen.

EINFACHKLICK UND MEHRFACHKLICKS

Sobald er an der richtigen Dose verharrt, erfolgt der erste Klick. Diesen Klick können Sie noch machen, während Sie stehen. Danach können Sie – den Mehrfachklicks sei Dank – zum Hund und in die Hocke gehen, um ihn mit dem Futter an der Dose zu bestätigen. Denken Sie daran, dass sich Ihre Futterhand auf der dem Hund abgewandten Seite befindet. Nun arbeiten Sie wieder wie bisher, mit Mehrfachklicks und mit drei Futterstückchen.

Achten Sie weiterhin darauf, dass Ihr Hund ruhig, sicher und exakt an der Dose verharrt, während Sie das „Keep-going-Signal" geben und ihn füttern. Während Sie ihm das letzte Belohnungsleckerli geben, greifen Sie mit der Klickerhand ruhig ans Halsband und führen ihn von der richtigen Dose weg.

Es braucht nicht immer eine Bande, an der die Dosen stehen.

Xeni läuft vor der Hundeführerin zu jeder Dose …

… und zeigt die richtige an.

Loba beobachtet, wie Nadine die Suchlage zeigt.

Dann läuft sie an den Halterungen entlang.

Durch die Mehrfachklicks kann sie an der Dose verharren …

… während sich Nadine so positioniert, …

… um Loba von der richtigen Seite aus zu bestätigen.

Anzeige – die richtige Dose ist gefunden.

ERWEITERUNG DER DOSEN

Erhöhen Sie nun auf vier, fünf und sechs Dosen. Die Ergänzungen werden Ihren Hund nicht vor eine große Herausforderung stellen. Wenn Sie nun sämtliche Halterungen und alle Dosen aufgebaut haben, also in der Summe mit sechs Dosen arbeiten, werden Sie sich fragen, wann weitere Verleitgerüche hinzukommen. Bisher haben Sie die Dose mit dem Zielgeruch (Kamille) und fünf weitere Dosen mit einem Verleitgeruch (z. B. Zucker). Bleiben Sie geduldig, im nächsten Kapitel ist es soweit.

FEHLERBOX: PROBLEME AM SUCHAUFBAU

Überlaufen Ihr Hund übertritt Halterungen und Dosen und läuft wenig stabil an den Halterungen entlang? Dann nutzen Sie eine Begrenzung, indem Sie beispielsweise die Halterung an einer Wand entlang aufstellen. Wenn Sie ihn nun an den Halterungen entlangführen, tritt er vielleicht noch auf diese, aber er kann nicht mehr auf die andere Seite wechseln. Sie können die Wand also als Bande nutzen.

Unkontrolliert Wenn Ihr Hund sehr unkontrolliert mit Ihnen mitläuft oder sogar die Situation verlässt, dann verwenden Sie eine kleine, leichte Leine. Damit können Sie Ihren Hund anfangs ruhig und klar an den Halterungen entlang führen.

Abgelenkt Wenn Sie Ihren Hund auf der Seite neben Ihnen führen, in der Sie die Belohnungsleckerlis halten, wird er sich eventuell davon ablenken lassen. Entweder wechseln Sie Klicker und Leckerli in Ihrer Hand oder Sie beginnen die Suche einfach von der anderen Seite der Halterungen, damit Ihr Hund auf der Seite läuft, auf der Sie den Klicker halten. Wenn Sie noch eine Leine verwenden, dann nehmen Sie auch diese in die Hand, in der sich der Klicker befindet.

Leckerchen-Handling Achten Sie beim Bestätigen darauf, dass Sie nicht auf der „falschen" Seite neben Ihrem Hund knien. Falsche Seite bedeutet, dass der Hund auf der Seite der Leckerlihand ist, also von der Klickerhand abgewandt. Damit würden Sie mit dem Leckerli immer auf der Seite des Hundes entlang zur Dose gehen und die Gefahr wäre groß, dass der Hund regelrecht von der Dose weggezogen wird. Deshalb führen Sie den Hund entweder von der anderen Seite an die Halterungen heran oder wechseln Klicker und Futter in Ihren Händen.

Keine Hilfestellung Achten Sie darauf, dass Sie nicht auf Höhe der richtigen Dose verharren und durch Ihre Körpersprache dem Hund zeigen, welche die richtige ist. Denken Sie an später: Das Problem entsteht erst dann, wenn Sie nicht mehr wissen, welches die richtige Dose ist! Dann ist die Gefahr sehr groß, dass Sie Ihrem Hund zu sehr beigebracht haben, auf Ihre Körpersprache zu achten.

Geruchsdifferenzierung erfordert wie „Schach spielen" eine hohe Konzentration.

DIE SPIELWIESE BEGINNT – DAS DIFFERENZIEREN

Sie brauchen: Klicker, Leckerlis, eine Dose mit dem Zielgeruch, fünf Dosen für die Verleitgerüche, sechs Halterungen, zunächst den einen, später mehrere Verleitgerüche
Aufbau: Hund und Mensch stehen nun nebeneinander, der Hund wartet ruhig, der Klicker befindet sich in der einen Hand, die Leckerchen in der anderen, die Dosen kommen in die Halterungen.
Ziel: Der Hund soll aus der neuen Position heraus ruhig starten, aus den sechs Dosen die Dose mit dem Zielgeruch herausfinden, mit der Nase an den Dosendeckel gehen und die Dose sicher anzeigen, egal in welcher Position sie sich zu den Dosen mit den Verleitgerüchen befindet. Dies soll er auch können, wenn der Zielgeruch eine Beimengung von Verleitgerüchen hat.

VERLEITGERÜCHE EINBAUEN

Nun wird es spannend! Bisher ging es darum, dass der Hund an die Arbeit der Geruchsdifferenzierung herangeführt wird. Er hatte immer nur eine Dose, die einen besonderen Geruch hat, nämlich Kamillentee. In allen anderen Dosen war lediglich ein – noch recht einfacher – Verleitgeruch wie zum Beispiel Würfelzucker. Ab jetzt können Sie damit beginnen, Ihrem Hund immer schwierigere Aufgaben zu stellen, und Sie werden herausfinden, wozu Ihr Hund in der Lage ist!
Das Spiel mit den unterschiedlichen Verleitgerüchen sollten Sie anfangs sehr strukturiert angehen. Hierzu einige Beispiele:

Bezeichnen wir die Dose mit dem ankonditionierten Geruch einfach als „Zielgeruch" (ZG). Damit wird es einfacher, mit den entsprechenden Beispielen zu arbeiten.
Alle anderen Dosen sind mit einem sogenanntem Verleitgeruch A, B, C ... präpariert (VG A, VG B, VG C ...).

MÖGLICHE DUFTSTOFFE

Wichtig ist mir, dass Sie meine Vorschläge für Verleitgerüche lediglich als Anregung sehen. Werden Sie kreativ, versuchen Sie, Ihrem Hund nach und nach schwierigere Aufgaben zu stellen. Anfangs sollten Sie jedoch mit einfachen Verleitgerüchen arbeiten, wie Zucker, Salz oder – bereits etwas schwieriger – mit ganzen Kaffeebohnen. Später können Sie anspruchsvollere, also stärker riechende Stoffe hinzufügen, wie getrocknete Petersilie, getrockneten Basilikum oder andere Teesorten. Manchmal ist es auch interessant, Futter, andere Leckerlis, Käse, Wurst bis hin zu Pansen als Verleitgeruch zu verwenden!

Hier sind es Zucker, Kaffee, getrocknete Petersilie und Nudeln.

Verschiedene Teesorten eignen sich auch als Verleitgerüche.

GERÜCHE GETRENNT BEHANDELN

Achten Sie aber immer darauf, dass Sie sauber arbeiten! Lagern Sie den Zielgeruch immer getrennt und separat verschlossen von den restlichen Materialien. Fassen Sie die Dose mit dem Zielgeruch lediglich mit der Klickerhand an. Alle anderen Materialien und Geruchsartikel können später untereinander gemischt werden und werden mit der anderen Hand angefasst. VG A bis VG Z können gemeinsam gelagert werden. Das saubere Arbeiten ist wichtig und wird immer wichtiger, je besser Sie Ihren Hund trainiert haben und je feiner er den Zielgeruch erkennen kann.

DUFTVERMISCHUNG SORGT FÜR VERWIRRUNG

Stellen Sie sich vor, Sie arbeiten unsauber und übertragen den Zielgeruch auf eine weitere Dose. Ihr Hund wird dann an dieser für Sie vermeintlich falschen Dose anzeigen, weil er dort den Zielgeruch erkennt. Und schlussendlich hat er recht! Wenn Sie ihn dann hier nicht bestätigen, verwirren Sie ihn, denn Ihrer Meinung nach kann es ja nicht die richtige Dose mit dem Zielgeruch sein. Diese Fehlerquelle entsteht immer, wenn Sie unsauber arbeiten und den Zielgeruch auf andere Materialien, Dosen und Gegenstände, übertragen. Erinnern Sie sich an meine Eselsbrücke: Die Hand, in der Sie den Klicker halten, ist die Hand, mit der Sie alles berühren, was mit dem Zielgeruch zu tun hat! Mit der anderen Hand können Sie alle anderen Gegenstände, Dosen und Halterungen anfassen. Diese Eselsbrücke soll Sie davor bewahren, unsauber zu arbeiten.

DOSEN FÜLLEN

Bevor Sie mit dem Training beginnen, können Sie die Dosen in Ruhe abfüllen. Hierzu können Sie natürlich beide Hände verwenden, denn spätestens beim Zuschrauben der Dosen braucht man beide Hände. Achten Sie darauf, dass die Gerüche getrennt eingefüllt werden. Entweder verwenden Sie zwei paar Einweghandschuhe oder Sie waschen sich dazwischen und danach die Hände.

DER EINSTIEG

Ich möchte die bisherige Aufgabenstellung für Ihren Hund noch einmal zusammenfassen: Es gibt eine „richtige" Dose, mit dem Geruch Kamille. In dieser ist lediglich und ausschließlich der ankonditionierte Geruch, der „Zielgeruch". In allen anderen Dosen befindet sich nur der Verleitgeruch A, zum Beispiel Zucker. Ziel war es bisher, dass Ihr Hund die gestellte Aufgabe löst und immer noch die Dose mit der Kamille sauber anzeigt. Er soll sich also nicht von dem Verleitgeruch A (Zucker) in die Irre führen lassen! Möglicherweise war Ihr Hund anfangs irritiert, denn er hatte jetzt weitere Dosen, die nach „etwas" riechen, jedoch nicht angezeigt werden sollten. Diese sollte er auch bereits von der Übung mit den drei Dosen kennen. Wichtig: Die Handlungsketten sollten an diesem Punkt bereits stabil und konzentriert vom Hund durchgeführt werden!

MISCHUNGEN

Ab jetzt beginnt die kreative Phase, Verleitgerüche einzubauen. Mischen Sie in alle sechs Dosen, also auch in die Dose mit dem

Zielgeruch Kamille, den Verleitgeruch A (VG A), also Zucker.
Ihr Hund hat nun also die Aufgabe, die Dose mit dem Zielgeruch zu finden, auch wenn er mit Zucker „verdünnt“ wurde und weitere Dosen mit dem Verleitgeruch A (Zucker) in den Halterungen stehen. Kann er diese Aufgabe lösen und lässt sich nicht davon beirren, dass auch andere Gerüche vorhanden sind, können Sie einen Schritt weitergehen und einen weiteren Verleitgeruch B (VG B) den fünf Verleitdosen hinzufügen, das könnte zum Beispiel Salz sein. Sie haben nun also in der Dose mit dem Zielgeruch den bereits vorhandenen Verleitgeruch A zusätzlich zur Kamille. In den anderen fünf Dosen, die der Verleitung dienen, befindet sich Zucker und zudem auch Salz. Die Verleitgerüche summieren sich auf und werden miteinander vermischt.

Verleitungen kommen dazu		
ZG	VG A	VG A
ZG A	VG A	VG A
ZG A	VG AB	VG AB
ZG AB	VG AB	VG AB
ZG xxxx	VG xxxx	VG xxx
Menge reduzieren	Menge erhöhen	Menge erhöhen
zg XXXX	VG XXXX	VG XXXX

ZIELGERUCH PLUS ZWEI VERLEITGERÜCHE

Löst der Hund diese Aufgabe erneut und kann immer noch korrekt die Dose mit dem Zielgeruch anzeigen, dann fügen Sie den neuen Verleitgeruch B auch dieser Dose hinzu. Sie haben nun also in der Dose mit dem Ziel-

Zuerst kommt in jede Dose ein Geruch, später kann auch gemischt werden.

geruch (Kamille) auch die beiden Verleitgerüche A (Zucker) und B (Salz) hinzugefügt. Im neuen Suchaufbau muss der Hund also aus sechs Dosen, die alle nach Zucker und Salz riechen, die Dose herausfinden, die den Zielgeruch Kamille beinhaltet!

Daniela mit Akeno am Suchboard.

Höhe und Position können flexibel eingestellt werden.

Bestätigt wird duch ein Loch an der Halterung.

Noch ist es so, dass sich der Zielgeruch als ganzer Teebeutel in der Dose befindet. Somit ist es für den Hund relativ einfach, da der Kamillengeruch in starker Konzentration vorhanden ist, auch wenn sich bereits zwei Verleitgerüche (Zucker und Salz) in dieser Dose befinden.

Mit diesem Aufbau können Sie noch weitere neue Gerüche und Ablenkungen zu den bisherigen Verleitgerüchen in die Dosen füllen. Gehen Sie immer nach dem gleichen Muster vor. Zuerst kommt der neue Geruch in die fünf Dosen mit der bisherigen Verleitung. Dann kommt der neue Geruch auch zum Zielgeruch A in die Dose mit den anderen Gerüchen dazu.

ZIELGERUCH REDUZIEREN

Irgendwann haben Sie vielleicht fünf oder sechs verschiedene „Gemeinheiten", also Verleitgerüche, in allen Dosen. Spätestens dann können Sie eine weitere Variation einführen und die Schwierigkeitsstufe für Ihren Hund erhöhen: Reduzieren Sie bei den nächsten Durchgängen nach und nach die Menge des Zielgeruchs. Schneiden Sie den Teebeutel auf, und füllen Sie lediglich einen Teil des Beutelinhalts in die Dose. Somit haben Sie die Menge des Kamillengeruchs reduziert, obwohl Sie die Anzahl der Verleitgerüche in der Dose mit dem Zielgeruch in bisheriger Menge und Stärke beibehalten. Nun muss Ihr Hund viel genauer und feiner riechen, um die Kamille zu erkennen.

Sie ahnen bereits, wohin die Reise gehen kann? Richtig! Die Dosierung und die Anzahl der Gerüche, die den Hund verleiten sollen, werden immer mehr und stärker, während parallel dazu die Geruchsintensität des Kamillentees reduziert wird. Wie Sie sehen, können Sie Ihrem Hund mit diesem Aufbau die verschiedensten und spannendsten Aufgaben stellen.

VERÄNDERUNGEN DES AUFBAUS

Wenn Ihr Hund nun mit der neuen Startposition sicher arbeitet, er ruhig an den Dosen entlangläuft, nicht darauf herumtritt, jede Dose in Ruhe ausarbeitet und den Zielgeruch sicher anzeigt, dann können Sie weitere Variationen einbauen.

ANDERE ORTE

Der Aufbau muss nicht mehr an einer Wand beziehungsweise einer Bande entlang sein, sondern kann mitten im Raum, auf einer freien Fläche im Garten oder auf einer ebenen Fläche draußen aufgebaut werden. Eine gute Möglichkeit, um draußen auf einer Freifläche die Geruchsdifferenzierung mit dem Hund zu üben, ist die Nutzung von größeren Dosen. Auf dem Foto sind zum Beispiel Dosen aus dem Angelsport zu sehen. Diese können ohne eine Halterung auf einer Fläche aufgestellt werden, und der Hund kann sich nun genauso von Dose zu Dose arbeiten, den konditionierten Geruch erkennen und anzeigen. Wenn Sie mit Ihrem Hund in geschlossenen Räumen trainieren, können Sie ähnlich vorgehen: Verteilen Sie die Schaumstoffhalterungen frei im Raum und stellen Sie sie nicht mehr in einer Reihe auf.

HÖHENUNTERSCHIEDE

Als nächstes können Sie die Halterungen sogar in verschiedenen Höhen positionieren, sodass das Spiel der Geruchsdifferenzierung dreidimensional wird. Achten Sie darauf, dass der Hund wegen der unterschiedlichen Höhen der Dosen bei der Anzeige trotzdem

Mit Dosen aus dem Angelzubehör …

… kann man den Trainingsort frei wählen.

Anzeige!

Variation im Suchaufbau – die dritte Dimension.

So ist es auch für den Hund nicht langweilig …

… und bei der Anzeige sogar noch bequem.

sicher und genau bleibt. Es kann sein, dass die unterschiedliche Höhe dem Hund noch einmal gesondert, wie in den ersten Schritten erklärt, beigebracht werden muss. Wie auf den Fotos zu sehen ist, bewegt sich Loba im dreidimensionalen Feld, um die richtige Dose zu erschnüffeln. Beispielhaft ist auch das Foto, auf dem der Hund sogar auf dem Sofa oben eine Anzeige macht. Ihrer Kreativität sind kaum Grenzen gesetzt!

DIE ARBEIT MIT FLÜSSIGKEITEN

Wenn Ihr Hund bei der Differenzierung des Geruchsstoffs schon gut gearbeitet hat, das heißt, dass sehr viele, sehr starke Verleitgerüche in allen Dosen sind und der konditionierte Geruch nur noch in einer geringen Konzentration vorhanden ist, dann können Sie Ihrem Hund eine weitere Herausforderung bieten.

TEE KOCHEN

Wenn wir davon ausgehen, dass Sie bisher mit Kamillentee aus dem Teebeutel gearbeitet haben, dann können Sie nun einen anfangs starken Kamillentee aufbrühen, der von Runde zu Runde, je nach Erhöhung der Schwierigkeiten, immer dünner wird. Achten Sie darauf, dass der Tee anschließend abgekühlt ist, bevor Sie mit ihm arbeiten. Am Anfang wird Ihr Hund aufgrund der neuen Variation des Kamillengeruchs irritiert sein. Das bedeutet, dass Sie im Training einige Schritte zurückgehen. Nehmen Sie die Dose wieder zwischen die Knie und konditionieren Sie ihn wie in den Anfangszeiten auf die neue Geruchsvariante.
Wenn der Hund die neue Variante erkennt und anzeigt, können Sie in den Aufbau mit fünf weiteren Dosen übergehen. Zuerst rate ich Ihnen, die fünf anderen Dosen leer zu lassen, damit der Hund wieder sicher wird, in dem, was er tut. Sobald Sie merken, dass

er wieder routiniert in der Suche und Anzeige ist, können Sie mit weiteren flüssigen Verleitgerüchen und -mischungen arbeiten.

VERLEITFLÜSSIGKEITEN

Im ersten Schritt nutzen Sie wieder einen Verleitgeruch, den Sie in die fünf anderen Dosen verteilen. Sie können beispielsweise verschiedene Säfte, andere Teesorten, Kaffee, Milch oder Ähnliches als Verleitgeruch verwenden. Achten Sie jedoch immer darauf, dass der Geruch nicht zu scharf für die Hundenase ist und alle Flüssigkeiten im kalten Zustand in die Becher gefüllt werden. Nun haben Sie erneut zwei Möglichkeiten, um zu variieren:

Variante 1 Sie füllen in alle sechs Dosen einen flüssigen Verleitgeruch (nennen wir ihn VG Af), wie zum Beispiel eine weitere Teesorte. In allen sechs Dosen befindet sich nun also der gleiche Geruch (VG Af). In die Zielgeruchsdose füllen Sie zusätzlich noch eine gewisse Menge des Kamillentees (ZG). Kochen Sie am Anfang eine sehr starke Mischung, die Sie nach und nach verdünnen können.

Variante 2 Geben Sie in alle sechs Dosen verschiedene Flüssigkeiten (VG Af, VG Bf, VG Cf) und in eine der Dosen noch eine starke Konzentration des Kamillentees (ZG).

FEINE NASE

Im Laufe der Zeit werden Sie merken, dass die Hundenase durch das Training immer feiner wird und der Hund den Kamillentee (ZG) aus vielen verschiedenen anderen Flüssigkeiten (VG Af ... Zf) erkennen und anzeigen kann. Als nächstes können Sie die Verleitflüssigkeiten (VG Af, VG Bf etc.) immer konzentrierter und den Kamillentee (ZG) in verdünnterer Dosis einsetzen. Finden Sie heraus, wie weit Sie gehen können, um die Grenzen und Fähigkeiten Ihres Hundes auszuloten.

Achten Sie bitte auf ein sehr sauberes Arbeiten! Ihr Hund ist mittlerweile Profi darin, geringste Spuren des Geruchsartikels (GA) zu erkennen und anzuzeigen. Wenn Sie die Halterungen oder einen der anderen Becher mit einer Spur Kamille „verschmutzt" haben, wird es Ihr Hund im Zweifelsfall anzeigen. Zurecht! Ein sauberes Arbeiten und sauberes Lagern der Geruchsartikel, Halterungen und Dosen ist also von größter Wichtigkeit!

Arbeit mit Flüssigkeiten anstatt mit festen Stoffen.

Viele Flüssigkeiten und in einer ist auch etwas Kamillentee.

AUSBLICK
— *Pilze, Bettwanzen, Geld*

NEUE ZIELGERÜCHE

Die Möglichkeiten, die Ihnen zur Verfügung stehen, sind beinah unbegrenzt. Gehen Sie mit Ihrem Hund auf die Suche nach Pfifferlingen, entdecken Sie mit ihm, wie unterschiedlich stilles Wasser riechen kann oder suchen Sie gemeinsam Geldscheine.

EIN PAAR SCHRITTE ZURÜCK

Wenn Sie Ihren Hund auf einen anderen Geruch, als zum Beispiel Kamillentee, umstellen möchten, dann müssen Sie für eine kurze Zeit wieder zu dem Lernschritt zurückgehen, in dem Sie die Dose zwischen Ihren Knien halten. Dies dient lediglich dazu, Ihren Hund auf einen neuen Geruch zu konditionieren. Sobald der Hund diesen kennengelernt hat, können Sie wieder recht zügig zum Suchaufbau mit sechs Dosen, einschließlich diverser Verleitgerüche, zurückkehren.
Im Prinzip können Sie Ihren Hund immer wieder auf neue Zielgerüche konditionieren. Je ähnlicher diese Gerüche sind, umso einfacher ist es. Die Gefahr besteht jedoch, dass Sie Ihren Hund verwirren. Ist er bereits ein Profi in Sachen Geruchsdifferenzierung, dann können Sie verschiedene Zielgerüche parallel dazu aufbauen und anzeigen lassen. Anfangs ist es jedoch besser, bei einem Zielgeruch zu bleiben. Wenn Sie dann auf einen neuen Zielgeruch umstellen möchten, dann sollten Sie recht lange wieder bei dem neuen Zielgeruch bleiben und nicht nach dem Prinzip „heute Zielgeruch A, morgen Zielgeruch B und übermorgen C“ hin und her wechseln. Schlussendlich ist immer die Frage, wie genau, wie sauber und exakt die einzelnen Zielgerüche konditioniert und die Anzeige des jeweiligen Geruchs aufgebaut wurde.

UMSTELLEN AUF EINEN NEUEN ZIELGERUCH

ERSTE IDEE: PFIFFERLINGE

Zuerst sei gesagt, dass es sich hier lediglich um ein Spiel, eine Auslastung für Ihren Hund handelt. Ich übernehme selbstverständlich keine Garantie (und keine Haftung!), dass Ihr Hund immer und ausschließlich genießbare Pilze anzeigt, die Sie dann verzehren könnten! Es handelt sich ausschließlich um eine weitere Anregung aus der Praxis meiner Hundeschule, um Ihren Hund zu beschäftigen.
In vielen Regionen Deutschlands wachsen Pfifferlinge in den Wäldern. Eine Kundin von mir kam auf die Idee, Ihre Hunde auf essbare Speisepilze zu konditionieren. Sie können sich vorstellen, dass die Suche im Wald um einiges schneller und effektiver ist, wenn der Hund mithilft, als allein durchs Unterholz zu kriechen und Pilze auf dem Waldboden zu suchen. Der Geruchsartikel (GA) mit Pfifferlingen wird zuerst konditioniert. Es ist anfangs egal, ob getrocknet oder frisch. Als Verleitgerüche könnten dann diverse andere, auch ungenießbare Pilze oder Doppelgänger genutzt werden, die Ihr Hund logischerweise nicht anzeigen soll.
Zuerst lernt der Hund die Pilzsuche mit unserem Suchaufbau kennen. Das bedeutet, dass die freie Suche im Wald und das Stöbern auf der Freifläche zusätzlich und unabhängig von der Geruchsdifferenzierung mit dem Hund trainiert und geübt werden müssen.

01

02

03

Des Weiteren sucht der Hund im Wald natürlich keine weißen Dosen, sondern Pilze. Auch diese Übertragung und die entsprechend passende Anzeige dafür muss extra aufgebaut werden.

ZWEITE IDEE: STILLES WASSER

Eigentlich als Zufallsbefund entdeckt, aber umso interessanter und spannender, was die Hundenase alles leisten kann: Stilles Wasser von verschiedenen Herstellern sowie Leitungswasser aus dem Wasserhahn riechen unterschiedlich! Nicht für uns, aber für den Hund. Unglaublich, oder?
Versuchen Sie es. Entscheiden Sie sich für einen neuen Geruch, auf den Sie Ihren Hund konditionieren (stilles Wasser eines Herstellers! Dieser Geruch GA sollte dann immer wieder derselbe sein. Auch immer gleichbleibend aus Glas- oder Plastikflaschen). Wenn Ihr Hund den neuen Geruch kennt und anzeigt, können Sie andere stille Wassersorten als Verleitgerüche (VG A, B, C ...) in den Dosen auf dem Suchboard hinzufügen. Testen Sie, was in ihm steckt.

01 Lagottos werden für die Trüffelsuche eingesetzt.

02 Selbst mehrere Meter unter der Erde erkennen die Hunde den kostbaren Pilz und zeigen ihn an.

03 Trüffelsuche ist also auch eine Outdoorform der Geruchsdifferenzierung.

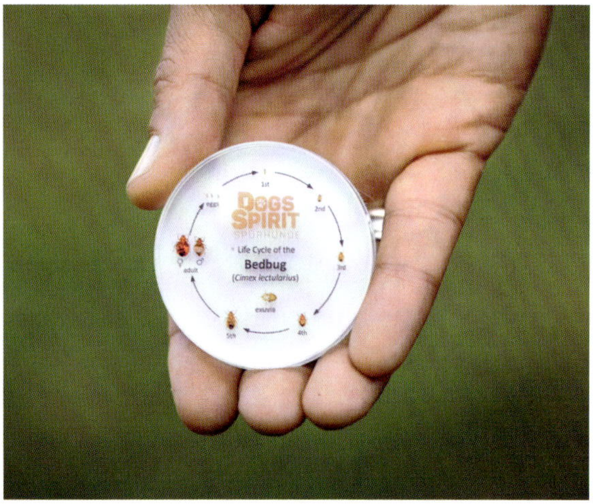

Bettwanzen – Eier, fünf Nymphenstadien und adulte Wanze.

Daniela Salg im Training mit Grizzly.

DRITTE IDEE: GELDSUCHE

Inwiefern die dritte Idee alltagstauglich ist, sei mal dahingestellt. Es ist jedoch eine spannende Idee, um mit dem Hund zu arbeiten. Hunde können den unterschiedlichen Geruch von Papiergeld und Münzen erschnuppern, nicht aber unterschiedliche Geldscheine differenzieren. Selbstverständlich sollten Sie Ihren Hund lieber auf Geldscheine konditionieren, dann ist die Freude bei einem Fund ungleich größer, als wenn er lediglich ein 5-Cent-Stück findet …
Konditionieren Sie ihn im ersten Schritt auf den neuen Geruch. Nutzen Sie hierfür wieder die Variante, in der Sie mit der Dose zwischen den Knien arbeiten. Als Verleitgerüche können demnach Münzen, diverses Spielgeld oder Papier genutzt werden.
Bei diesem Geruchsartikel können Sie noch einen Schritt weitergehen. Verstecken Sie die Geldscheine nicht mehr in weißen Dosen (unwahrscheinlich, Geld in weißen Dosen zu finden), sondern nehmen Sie einen Geldschein vorsichtig, zum Beispiel mit einer Pinzette (damit der Geldschein nicht nach Ihnen riecht, denn sonst sucht der Hund nicht das Geld, sondern Ihren Eigengeruch), und stecken Sie diesen Schein zum Beispiel in eine Sofaritze. Natürlich müssen Sie Ihrem Hund eventuell die Anzeige des Geldscheines an sich wieder etwas detaillierter beibringen, denn bisher hat er ja nur seine Nase an Dosen gehalten. Doch mit den gleichen Schritten des Klickertrainings, wie zu Anfang des Buches beschrieben, bekommen Sie dies genauso hin. Schlussendlich ist es möglich, dass der Hund den Geldschein ebenso zuverlässig und sicher anzeigt, wie den Kamillentee in der Dose.

SCHIMMEL, BETTWANZEN, INSULIN

Im Prinzip gibt es zig verschiedene Möglichkeiten und Varianten, worauf Sie Ihren Hund konditionieren können. Selbst im professionellen Bereich der Schimmelspürhunde, der Bettwanzensuchhunde, bis hin zu den Diabeteswarnhunden oder Drogenspürhunden wird im Großen und Ganzen mit diesem Prinzip trainiert.

Er wird gerade auf den Geruch konditioniert.

Nase dran, riechen, dann folgt das Leckerli.

Zuerst werden die Hunde auf einen bestimmten Geruch konditioniert, dann lernen Sie die Geruchsdifferenzierung. Später wird an der Übertragung des Ortes gearbeitet, wo der für den Hund relevante Geruchsträger in der Regel zu finden ist. Also an Wänden und Teppichleisten (Schimmelspürhunde), in Bett und Matratze (Bettwanzensuchhunde) oder der Hund sucht an der Person oder im Auto (Diabeteswarnhunde bzw. Drogenspürhunde).
Je nach Herausforderung muss dem Hund noch ein entsprechendes Suchsystem beigebracht werden, WO der Geruchsartikel (GA) später zu finden ist. Hier geht es dann um den Aufbau eines Suchsystems im Raum, auch dreidimensional, es geht um Drangförderung, und um verschiedene Suchlagen.

ANDERE ORTE

Bis hierhin hoffe ich aber, dass Sie mit meinem Buch eine Idee von der Geruchsdifferenzierung bekommen haben und Anregungen zur Auslastung Ihres Hundes finden können. Die Spielwiese der Geruchsdifferenzierung ist grenzenlos. Es reicht schon, das komplette Trainingsset und alle Materialien mit in den Urlaub zu nehmen und an anderen Orten zu trainieren als bisher. Eine Trainerkollegin von mir hat es tatsächlich einmal fertiggebracht, mit ihrem Hund mitten auf der Autobahn zu trainieren, als sie mehrere Stunden im Stau stand. Die Neugier der umstehenden Menschen und die Faszination an der Arbeit des Hundes war für die Zuschauer eine willkommene Ablenkung.
Es würde den Rahmen des Buches sprengen, alle kreativen Möglichkeiten aufzuzeigen. Die Auslastung Ihres Hundes mit Nasenarbeit ist sicherlich eine der anspruchsvollsten, aber auch faszinierendsten Arten, die Fähigkeiten der Hundenase zu entdecken. Gemeinsame Erfahrungen und Erlebnisse zwischen Ihnen und Ihrem Hund werden immer dazu führen, die Beziehung zwischen Ihnen zu fördern und zu stärken. Haben Sie Spaß an der gemeinsamen Arbeit, bleiben Sie immer fair und motiviert. Ihr Hund wird es Ihnen danken. Wie heißt es so schön? Ein müder Hund ist ein zufriedener Hund.

SERVICE
— *Wissenswertes für Hundehalter*

ZUM WEITERLESEN

HUNDEERZIEHUNG

Hoefs, Nicole, Petra Führmann, Iris Franzke: Das Kosmos Erziehungsprogramm für Hunde. Mit Trainingsplan für jede Übung. Kosmos 2016

Meiburg, Sonja: Raketenstart-Rückruf. Sicher abrufen leicht gemacht. Kosmos 2022

Przygoda, Jeanette: An lockerer Leine. Der leichte Weg zum leinenführigen Hund. Kosmos 2017

Rütter, Martin und Andrea Buisman: Hundetraining mit Martin Rütter. Verständlich, partnerschaftlich, individuell. Kosmos 2022

Seumel, Ulrike: Marker-Training für Hunde. Auf Augenhöhe zum glücklichen und kooperativen Hund. Kosmos 2020

Toll, Claudia: Kommt nicht, gibts nicht. So klappt der Rückruf bei jedem Hund. Kosmos 2016

Winkler, Sabine: Hundeerziehung. Sozialisierung, Ausbildung, Problemlösung. Kosmos 2017

WELPEN

Koring, Mel: Welpenschule. Das 8-Wochen-Training. Kosmos 2018

Krüger-Degener, Anne: Welpentagebuch. Der praktische Begleiter für die ersten Monate. Kosmos 2022

Rütter, Martin und Andrea Buisman: Welpentraining mit Martin Rütter. Erfolgreich durch das erste Jahr. Kosmos 2022

Theby, Viviane: Das Kosmos Welpenbuch. Entwicklung und Auswahl. Eingewöhnung, Sozialisierung und Erziehung. Für einen guten Start ins Hundeleben. Kosmos 2016

Zvolsky, Norma: Retrieverschule für Welpen. Grunderziehung, Dummy-Training. Kosmos 2018

HUNDEVERHALTEN

Gansloßer, Udo und Mechtild Käufer: Auszeit auf Augenhöhe. Mensch-Hund-Spiel: Kleiner Einsatz mit großer Wirkung. Kosmos 2017

Gansloßer, Udo und Mechtild Käufer: Und sie spielen doch! Die Wissenschaft vom Hundespiel. Kosmos 2022

Grote, Maren: Hunde lesen lernen. Hundeverhalten – praxisnah erklärt. Kosmos 2022

Handelman, Barbara: Hundeverhalten. Mimik, Körpersprache und Verständigung, mit über 800 ausdrucksstarken Fotos. Kosmos 2010

Rütter, Martin und Andrea Buisman: Sprachkurs Hund mit Martin Rütter. Körpersprache und Kommunikation. Kosmos 2022

BESCHÄFTIGUNG

Baumann, Thomas & Ina: ZOS – Zielobjektsuche. Kosmos 2016

Fallscheer, Ute C.: Trainingsbuch Fährtenarbeit. Vom ersten Suchfeld bis zur erfolgreichen Prüfung. Kosmos 2020

Fichtlmeier, Anton: Suchen und Apportieren. Denksport für Hunde. Kosmos 2015

Kitchenham, Kate: Spielekiste für Hunde. 5 Spielzeuge – 50 Spielideen. Kosmos 2015
Radant, Uwe: Zughundesport. Canicross, Bikejöring, Dogscooter. Kosmos 2018
Schäfer-Koll, Sandra: Rally Obedience. Grundlagen, Parcours-Pläne, Trainingsspiele. Kosmos 2020
Zvolsky, Norma: Die Kosmos Retrieverschule. Grunderziehung und Dummytraining. Kosmos 2015

HUNDEPROBLEME

Fiedler, Anja: Jagdverhalten verstehen, kontrollieren, ausgleichen. Wege in den Freilauf. Kosmos 2019
Heberer, Ute, Normen Mrozinski, Nora Brede: Aggressionsverhalten beim Hund. Kosmos 2017
Matthews, Nadin: Duell auf offener Straße. Leinenaggression beim Hund. Kosmos 2021
Meiburg, Sonja: Lass das! Hunden freundlich Grenzen setzen. Kosmos 2022
Rütter, Martin und Andrea Buisman: Problem gelöst! mit Martin Rütter. Unerwünschtes Verhalten beim Hund. Kosmos 2022

AUTORENBÜCHER

Arce, José: Mensch & Hund. Durch Verantwortung Liebe und Sicherheit schenken. Kosmos 2022
El Ayachi, Sami und Renée Herrnkind: Der zugewandte Hund. Körpersprache richtig verstehen und anwenden. Kosmos 2021
Krüger-Degener, Anne: Wenn Hunde lachen. HarmoniLogie® – Kommunikationstraining für Mensch und Hund. Kosmos 2018
Krüger-Degener, Anne: Wenn Hunde uns vertrauen. Missverständnisse vermeiden mit der HarmoniLogie® – Der Weg zum klaren Dialog, Kosmos 2021
Löckenhoff, Ursula: Dogwalk. Wie Hunde freudig folgen. Kosmos 2018
Löckenhoff, Ursula: Raumdenken in der Hundeerziehung. Liebevoll begrenzen – Freiheit schenken. Kosmos 2022
Ohligschläger, Andreas: Hunde als Weggefährten. Beziehung gestalten: verstehen, fühlen, begegnen. Kosmos 2021

NÜTZLICHE ADRESSEN

Verband für das Deutsche Hundewesen (VDH) e.V
Westfalendamm 17
44141 Dortmund
Telefon: +49 231 565 00-0
E-Mail: info@vdh.de
Internet: www.vdh.de

Österreichischer Kynologenverband (ÖKV)
Siegfried Marcus-Str. 7
A-2362 Biedermannsdorf
Telefon: +43-(0)2236/710 667
E-Mail: office@oekv.at
Internet: www.oekv.at

Schweizerische Kynologische Gesellschaft (SKG)
Brunnmattstraße 24
CH-3007 Bern
Telefon: +41 31 306 6262
Internet: www.skg.ch

NÜTZLICHE LINKS

Mögliche Bezugsadressen für Komplettsets und Halterungen
https://www.schecker.de/p/schn%c3%bcffeltrainer
http://k9-detection-tools.de/?page_id=163
https://www.sporthund.de/sniffledog

https://der-hundler.de/
Der Autor Matthias Mück

https://hzs.dog/index.php/home
Hundezentrum Schwarzwald

https://spuerhunde-team.ch/
Igelspürhundeteam Mirella Manser

ohttps://dogsspirit.jimdo.com/
Dogs Spirit Bettwanzenspürhunde, Daniela Salg

REGISTER

ALLES RUND UM DEINEN HUND
Entdecke unser einzigartiges Angebot: Bücher, Webinare, Videos ...
Hier findest du kompetente Tipps und wertvolle Ratschläge. Für noch mehr Harmonie zwischen dir und deinem Hund.
KOSMOS-HUND.DE
Melde dich jetzt für unseren KOSMOS-Hunde-Newsletter an und wir schenken dir einen 5€-Gutschein für unsere Webinare.
5€ RABATT SICHERN!

BILDNACHWEIS

114 Farbfotos wurden von Anna Auerbach/Kosmos für dieses Buch aufgenommen. Weitere Farbfotos von Jasmin Frei (1: S. 14 u.), Sophia Leopold (6: S. 13, 14 o., 15 beide, 16 beide), Shutterstock (Coatesy 1: S. 17, Esther Pueyo 1: S. 83 Mitte, Halfpoint 1: S. 80–81, Jne Valokuvaus 1: S. 83 o., knyazevfoto 1: S. 83 u., New Africa 1: S. 11, YAKOB-CHUK VIACHESLAV 2: Seite 10 beide)

IMPRESSUM

Umschlaggestaltung von Jeanne van Stuyvenberg, die Basis unter Verwendung von 14 Farbfotos von Anna Auerbach/Kosmos.

Mit 129 Farbfotos.

Alle Angaben in diesem Buch erfolgen nach bestem Wissen und Gewissen. Sorgfalt bei der Umsetzung ist indes dennoch geboten. Der Verlag und der Autor übernehmen keinerlei Haftung für Personen, Sach- oder Vermögensschäden, die aus der Anwendung der vorgestellten Materialien, Methoden oder Informationen entstehen könnten.

Unser gesamtes Programm finden Sie unter **kosmos.de.**
Über Neuigkeiten informieren Sie regelmäßig unsere Newsletter, einfach anmelden unter **kosmos.de/newsletter**

Gedruckt auf chlorfrei gebleichtem Papier

ISBN 978-3-440-17295-7
Redaktion: Alice Rieger
Gestaltungskonzept: Peter Schmidt Group, Hamburg
Gestaltung und Satz: DOPPELPUNKT, Stuttgart
Produktion: Nina Renz, Carolin Wacker
Druck und Bindung: Westermann Druck Zwickau GmbH, Zwickau
Printed in Germany / Imprimé en Allemagne

FSC
www.fsc.org
MIX
Papier | Fördert gute Waldnutzung
FSC® C110508